植物の遺伝と育種

식물 유전 · 육종학

제2판

福井希一 · 向井康比己 · 佐藤和広 공저

대표역자
김선형(서울시립대학교 환경원예학과 교수)

공역자
박경철(강원대학교 미래농업융합학부 교수)
권순재(한국원자력연구원 첨단방사선연구소 책임연구원)
김수정(서울시립대학교 환경원예학과 연구교수)
이금아(서울시립대학교 환경원예학과 연구교수)

월드사이언스
worldscience.co.kr

식물 유전 · 육종학 (제2판)

인 쇄 | 2020년 02월 25일

발 행 | 2020년 03월 05일

저 자 | 福井希一 • 向井康比己 • 佐藤和広

역 자 | 김선형 · 박경철 · 권순재 · 김수정 · 이금아

발행인 | 박선진

발행처 | 도서출판 월드사이언스

주 소 | 서울특별시 서초구 도구로115 (월드빌딩 1층)

등록일자 | 1988년 2월 12일

등록번호 | 제16-1601호

대표전화 | (02) 581-5811~3

팩스 | (02) 521-6418

E-mail | worldscience@hanmail.net

URL | http://www.worldscience.co.kr

정가 | 18,000원

ISBN | 978-89-5881-293-7

이 도서의 국립중앙도서관 출판시도서목록(CIP)은 서지정보유통지원시스템 홈페이지(http://seoji.nl.go.kr)와 국가자료공동목록시스템(http://www.nl.go.kr/kolisnet)에서 이용하실 수 있습니다. (CIP제어번호 : CIP2020005066)

저자 서문

교토산업대학교 명예교수인 米澤勝衛 박사를 저자 대표로 한 [식물 유전・육종(구판)]이 1997년 4월에 출판되었다. 유전・육종 연구에 대한 훌륭한 교재가 이미 많이 있는 가운데, 굳이 본 서적을 내는 의미는 다음과 같았다. 이 책에서는 유전・육종학을 현대 생명과학의 한 분야로서 자리매김하고, 생명과학 전체의 발전에서 관련 깊은 학문의 여러 분야, 특히 생물공학 분야와 정보과학 분야의 기본 사항을 이해하는 가운데 서로 자극을 받아 함께 발전하는 것이 필요하다고 생각하였다. 그래서 육종적 관점에서 유전자 조작법 등의 방법을 "기초"로 하는 것이 아니라 "도구"로 간주하고, 그 적용 사례를 성과와 함께 일괄적으로 서술하였다.

따라서 본서(구판)는 식물 유전학과 육종학에 관련된 기본 사항뿐만 아니라 관련 생물공학 분야와 정보과학 분야에도 상당한 분량을 나눈 유전・육종학 교재로 탄생했다. 이러한 구성과 내용은 기존의 교재에는 없는 참신한 것으로 되었지만, 다행히 저자들의 기획은 많은 독자의 지지를 얻었고, 이 책은 식물 유전학 및 육종 연구의 기본적인 교재 중 하나로 널리 이용되어 왔다.

한편, 지금은 애기장대와 벼의 게놈 프로젝트 완료, DNA 마커의 육종적 이용, 유전자 조작에 의한 파란색 장미가 시판되는 등 이전 버전이 출판되었던 시대와는 비교가 안 될 정도로 큰 진전을 보이고 있다. 그러므로 유전학과 육종학 및 관련 분야의 상황을 감안하여, 제3부의 생물공학 분야와 제4부 정보과학 분야를 비롯하여, 제1, 2부 유전・육종 분야에도 적절한 조기 개정이 필요했다.

이번 개정에서는 米澤 박사를 대신하여 오카야마대학교 자원식물과학연구소에 소속하는 佐藤和広 교수가 제2부를 담당하여 DNA 마커 이용 등 식물 육종학의 새로운 관점을 언급한다. 1, 3, 4부는 각각 전판과 같이 오사카 교육대학교의 向井康比己 교수와 내(福井希一)가 개정을 담당했다. 이번 개정에서도 이전 판과 마찬가지로 한정된 지면 내에서 기본 사항을 가능한 많이 거론하지만, 각 사항에 대한 상세한 설명을 반드시 기술하고 있지는 않다. 자세한 전문 지식을 얻고 싶은 독자를 위해 이전 판과 마찬가지로 각 부마다 영어 문헌을 포함한 관련 분야의 전문 서적을 책 뒷편에 기재하였으므로 참조하기 바란다. 또한 이번 개정에서 많은 자료와 뛰어난 논문을 참고로 하였으나, 입문서라는 책의 특성 때문에 이전 판과 마찬가지로 개별적인 전체 인용 기재는 생략하고, 최소한만 기재하였다.

본 개정판의 정리에 있어서는 米澤 박사에게 여러 유익한 제안을 받는 동시에, 많은 선생님으로부터도 원고에 관한 상당한 협조를 받았다. 제I부는 칸사이 복지과학대학교의 山本真紀 교수에게 원고의 정리, 그림 제작에 대한 많은 협조를 받았다. 제2부는 이화학연구소 니시나 가속기 연구센터의 阿部知子팀 리더, 츠쿠바대학대학원 생명환경과학연구과의 江面浩 교수로부터 최신 정보를 제공받았다. 또한, 제3부는 오사카대학교 공학연구과의 土本 卓准 교수와 酒井啓江 조교로부터 많은 협력을 받았다. 또한 돗토리대학교 건조지 연구센터의 辻本壽 교수, 고베대학교 인간발달환경학연구과의 近江戸伸子 교수(독) 농업・식품산업기술 종합연구기구 동북농업연구센터의 秋山征夫 주임 연구원으로부터도 기재 내용에 대한 유용한 교시를 받았다. 제IV부에서는(독) 농업생물자원연구소의 若生俊行 주임 연구원, 그리고 시뮬레이션 부분에 관해서는(독) 농업・식품산업기술 종합연구기구 작물연구소의 石井卓朗 선임 연구원에게 막대한 협조를 받았다. 특히, 山本, 若生, 土本 박사는 원고뿐만 아니라 그림・표 준비 등에 있어서 많은 도움을 주었다. 이 자리를 빌려 깊이 감사드린다. 오기, 오류 등이 있다면 그것은 저자들에게 책임이 있다.

저자 측의 제반 사정에 의해 본 개정이 나오기까지 7년 가까운 세월이 소요되었지만, 그동안 朝倉書店 편집부는 시종 관대한 지원과 배려를 해 주었기에 감사의 말을 드린다.

2012년 가을의 분위기가 점차 짙어지고 이슬 맺는 기후에

저자 대표 福井希一

역자 서문

인류는 식물 육종을 통하여 생산성이 향상된 우수한 특성을 지닌 신품종을 개발함으로써, 식량 문제를 해결하는 데 결정적인 기여를 하였다. 이와 같이 수량성과 품질 향상 등 인간의 요구에 필요한 형질을 높이는 것이 가장 중요한 육종 목표이다. 또한 현대 유전학이 발전함에 따라 고전 육종 기술과의 접목을 통해 육종 연한 단축 등의 효과를 나타내고 있다. 그 동안 육종의 원리를 설명하는 총론적인 교과서는 많이 있었으나, 현대 유전학의 발전에 발 맞추어 육종학의 원리를 설명한 교과서는 찾기 힘들었다. 이에 여기 식물 유전·육종학은 정말 반가운 저서이다. 본 저서는 제1부 식물의 유전, 제2부 식물의 육종, 제3부 식물의 유전 육종을 위한 생명공학, 제4부 식물의 유전, 육종, 생명공학과 정보과학으로 나뉘어져 있다. 기타 다른 육종학 교과서와 다르게 현대 육종에 많이 이용되어지고 있는 DNA 마커, 생물정보학 등의 분야를 육종 이용 분야와 맞춰 설명함으로써 기존의 식물 육종학 교과서보다 한 단계 앞서나가 있다고 할수 있다.

번역은 직역을 원칙으로 하였으나, 원래의 의미를 훼손하지 않는 범위에서 약간의 의역을 하였고, 일본 기관 및 법령 설명을 한국의 예로 바꾸었다.

본 번역서가 육종학을 전공하는 학부생과 대학원생에게 좋은 길잡이가 되어줄 것을 희망한다.

2020년 역자 대표

김선형

01장 식물 유전

1.1 식물의 유전

인류는 식량을 모두 간접적으로 또는 직접적으로 식물에 의존하고 있다. 에너지원으로 이용하고 있는 석탄, 석유, 천연가스 등의 화석 연료도 식물이 만든 유산이다. 이처럼 식물은 우리의 일상생활에 없어서는 안 되었기에, 인류는 역사적으로 식물에 대해 많은 지식을 축적하고 자세히 관찰해 왔다. 예를 들어, 질병에 강한 밀 씨앗을 뿌리면 이듬해에도 질병에 강한 밀이 되는 것과 같이, 경험에 의해 식물의 형질이 자손에게 전해진다는 (유전) 것을 알고 있었을 것이다. 그러나 유전에 대한 법칙과 형질을 전달하는 방법을, 멘델이 실험을 통해 곡물 안의 특정 인자라는 사실을 밝혀낼 때까지 알지 못하였다(1.3절 및 칼럼 1 참조). 이때 멘델의 실험에 의해 밝혀진 것들이, 현재 명명되고 있는 “유전자”이다.

멘델의 법칙이 세상에 알려진 지 100년 후인 서기 2000년은 인간 게놈 염기서열의 개요가 보고되는 것과 동시에, 초파리의 전체 염기서열에 이어 세계 최초로 고등식물(애기장대) 게놈 전체 염기서열이 해독된 기념적인 해였다. 그 후, 생명의 구조 해명은 게놈 과학으로 급격히 진행되어, 생명과학의 시대가 도래하였다. 애기장대에서 결정된 전체 염기서열 정보는 다른 종의 생물과 비교하여 더 많은 정보를 얻을 수 있게 되었다. 벼와 기타 작물에 대해서도 연구가 진행되고 미래 인류에게 중요한 식량작물에 대한 유전적 분석을 통해 작물의 전체적 발달 현상에 대한 분석이 보다 더 명확하게 밝혀질것으로 기대되고 있다.

그럼 유전자는 어떠한 것이고 어떤 역할을 하고 있는 것일까? 멘델의 법칙 이후 20세기에는 유전자의 본체를 알기 위한 매력적인 도전에 많은 연구자들이 노력하였고, 반세기에 걸쳐 그것이 DNA라는 물질로 되어 있다는 것과 DNA의 구조가 매우 아름다운 이중 나선 구조임을 밝혔다(2.1절). 21세기의 생명과학은 멘델에 의해 처음 발견된 유전자의 개념에서 분자유전학, 세포생물학, 분자세포생물학으로 나뉘고 세분화되어 발전하였다. 현재는 유전자를 게놈의 구성 성분으로서 전체적으로 파악하고 분석하는 방법(게놈 분석)과 개별 유전자가 실제로 어떤 구조로 작동하고 있는지(유전자의 기능 분석)를 찾는 방법으로 접근하여 생명 현상을 이해하고자 하는 노력을 기울이고 있다(2.2절).

한편, 멘델의 법칙 이전부터 알려져 있었으나, 그 법칙에 맞지 않는 현상도 있다. 예외 법칙들은, 세포질 유전과 크세니아(xenia) 현상, 복대립유전자 및 치사유전자 등의 다양한 유전(1.3절), 연관 분석(1.5절) 등으로 20세기 동안 세포 유전학적 방법을 통해 원인이 분석되었다. 예를 들어, 식물의 수정은 난세포에 정핵이 들어가서 이루어지게 된다. 세포질에서 핵 외에도 미토콘드리아와 엽록체 등 세포내 소기관(organella)도 DNA를 가지고 있고, 그들이 모체에서만 자손에게 전해지는 현상(세포질 유전)을 나타내고 있다. 이것은 소위 핵 유전자에 적용되는 멘델의 유전과 구별된다. 최근에는 유전자 발현 연구에서 에피제네틱(후성 유전학) 유전이 새롭게 알려지게 되었다(2.6절). 일란성 쌍둥이처럼 유전자가 완전히 같아도 성장 환경의 영향을 받아 외모나 성격, 체질이 조금씩 다른 현상은 유전자 발현 수준에서 설명할 수 있다.

유전학의 특색은 유전적으로 특정 형질을 가지고 있는 개체들을 서로 교잡하여 잡종을 만들고, 그 자손을 지속적으로 관찰하는 것이다. 선조들은 보다 좋은 작물을 선별하여, 보존하고 유지하며 보다 좋은 것을 선별하는 작업을 거치면서 유전의 현상을 경험적으로 이용하여 왔다. 밀에서는 약 6,000년 전, 보통 밀이라고 하는 자연 교잡에서 발생한 신종을 인류가 선별하고, 재배한 것이 알려져 있다. 기원전 3,200년경의 고대 이집트에서는 이미 야생종으로부터 재배종 마늘을 선발하여 생산하였음이 밝혀졌다. 일본에서도 에도 시대에는 농촌에서 벼를 중심으로 한 농작물의 개량이 이루어졌고, 밭에서는 나팔꽃, 앵초, 국화, 창포 등의 관상용 원예작물의 개량이 활발히 이루어졌다. 육종이라고 하는 용어가 그 당시에 이미 사용되고 있었다. 메이지 시대에는 멘델의 법칙이 알려지게 되고, 토야마 카메타로에 의해 누에에서 추가 실험이 이루어져서, 1906년에 멘델의 법칙과 유사한 결과를 보고하였다. 이후, 동물에서는 개, 닭, 금붕어 등의 품종 개량이 진행되었다. 메이지 시대는 일본의 과학에서 가장 빨리 국제적인 수준에 도달한 것 중 하나가 유전학이었던 것으로 알려져 있다. 에도시대의 개량의 방향성은 메이지 시대 이후에도 이어져 왔다.

원예 식물과 애완동물은 우연에 의한 아름다운 잡종 또는 희귀 잡종의 개량을 육종의 목적으로 하고 있다. 농촌에서 재배되는 작물의 경우에는 예로부터 수확량 증가나 병충해 저항성이 요구되고 있었지만, 식물의 개량은 우연에 맡기는 수밖에 없었고, 생육 기간을 생각해도 시간이 많이 걸릴 수도 있기 때문에, 육종은 단지 개량 수단 중의 하나였다. 그런데 최근 생명과학의 발전은 분자 육종이라는 유전자 수준의 기술이 도입됨으로써 육종 기술을 크게 발전시키게 되었다. 수확량 증가, 저항성을 비롯해 기후 변화에 대한 스트레스 저항성, 도복하기 어려운 형태 등 재배에 적합한 많은 유전자를 발견하고 분리할 수 있게 됨에 따라서, 유전학 기법이 점점 육종에 도입되었고 도움을 주게 되었다.

생물 진화의 역사에서 동물과 식물이 갈라진 것은 10~20억 년 전이라고 알려져 있다. 그것은 식물세포가 태양 에너지를 이용하여 이산화탄소를 고정하는 능력, 즉 광합성을 할 수 있는 능력을 가진 것으로 시작된다. 동물은 식물의 양분에 의존하여 생활하고 진화해 왔다. 우리는 그런 엄청난 혜택을 가져다주고 있는 식물을 얼마나 알고 있을까? 제I부(제1~3장)에서는 식물에 대한 생물학적 기본 정보에서 최신 게놈 과학의 기본까지를 다룬다. 식물 세포의 구조와 작동, 식물에 의해 밝혀진 유전 구조(제1장), 멘델의 법칙 이후 발전해 온 식물분자유전학(제2장), 그리고 식물의 진화와 재배의 관계(제3장)에 대한 기초 지식을 익히고, 이어서 식물의 육종학(제II부: 제4~11장)과 생물공학(제III부: 제12~15장) 및 육종의 정보 과학(제IV부: 제16장)에 대해 소개한다.

1.2 식물 세포의 구조와 기능

a. 식물 세포의 특징

인류가 처음으로 본 세포는 식물이다. 그것은 17세기 로버트 훅(Robert Hooke)에 의해 발견되었다. 그는 세계 최초의 수제 현미경으로 코르크의 얇은 절편을 관찰하여 발견한 다수의 작은 방(세포)을 cell라고 불렀다. 다른 학자들이 이 발견의 중요성을 깨닫는 데 1세기 이상이나 걸렸다. 1838년에 식물학자 마티아스 슐라이덴(Matthias Schleiden)과 동물학자 테오도르 슈반(Theodor Schwann)이 모든 생물은 세포로 구성된다는 세포설을 주장했다. 그리고 20년 후쯤, 루돌프 피르호(Rudolf Virchow)가 라틴어로 *omnis cellula e cellula*, 즉 모든 세포는 세포에서 생긴다는 말을 추가했다. 이것은 현재 생물 발생 원칙으로서 알려져 있다. 현대의 우리에게는 세포를 유전 물질인 DNA에 옮겨 놓는 것으로, 생명의 연속성을 DNA 수준에서 파악할 수 있는 것이다.

세포는 생물의 기본 구성단위로 매우 작지만 고도로 조직화되어 있다. 세포는 구조에 따라 원핵세포와 진핵세포로 분류할 수 있다. 원핵세포는 세균과 고세균, 대장균이나 메탄생성균, 광합성 세균 등이 해당되고, 진핵세포는 아메바 등의 원생 생물, 효모 및 곰팡이 등의 진균류, 식물, 동물 등이 해당된다. 원핵세포에서는 핵 등의 내부 구조물은 거의 눈에 띄지 않지만, 진핵세포에서는 막으로 나누어져 있기 때문에, 핵을 비롯한 다양한 세포내 소기관이 존재한다.

그림 1.1은 식물 세포의 구조를 나타낸 것이다. 식물 세포의 크기는 평균 100 μm 정도이다. 그 중에는 목화 종자의 털세포처럼 몇 cm가 되는 것도 있고, 녹조류의 아세타불라리아와 같은 단세포는 10 cm의 큰 크기를 가지고 있는것도 있지만, 일반적으로 세포의 크기는 매우 작다. 그 이유는 부피가 작을수록 부피당 막의 표면적이 커지므로 막을 통한 물질의 출입이 더욱 효과적으로 되어, 세포 구성물질의 농도 조절과 신진대사가 쉬워지기 때문인 것으로 알려져 있다. 또한 세포내 생체 화학 반응은 생체 고분자의 임의의 충돌에 의해 발생하기 때문에 분자가 근접하고 있는 만큼 생체 화학 반응이 쉽게 일어나는 것으로 생각된다.

아주 작은 세포에서, 핵은 진핵세포에서 가장 중요하고 가장 큰 세포내 소기관이며, 세포에서 처음 발견된 구조물이다. 브라운 R.은 난을 재료로 하여 핵을 최초로 발견하였다(1831년). 핵은 2개의 중요한 역할이 있다. 유전 정보를 복제하여 다음 세대의 세포에 전달하는 생식의 역할과 생명 활동을 조절하기 위해 수많은 조절 작용을 하고 있다. 핵은 핵막이라고 불리는 2개의 이중막으로 둘러싸여 있으며, 핵막에는 핵과 세포질 사이에서 거대 분자를 선택적으로 수송하는 구멍(핵공)이 곳곳에 존재하고 있다. 안쪽의 핵막인 내막은 핵 라미나라는 구조를 형성하고 있다. 핵 라미나는 3종류의 단백질로 구성되며 핵의 구조를 지탱하는 동

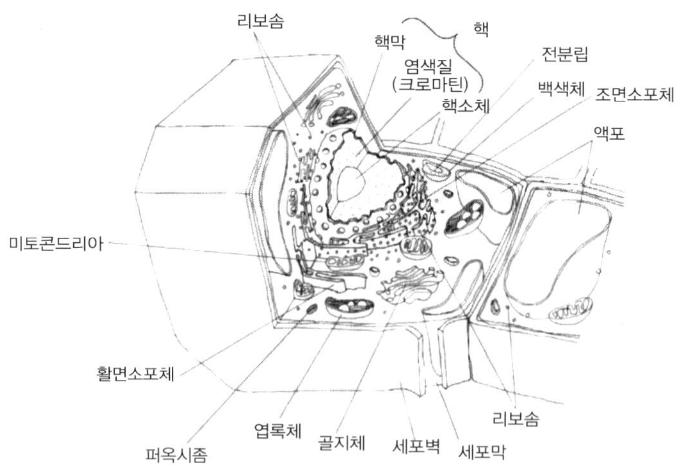

그림 1.1 식물 세포의 구조.

시에 염색체와도 결합한다. 외막은 소포체막과 연결되어 있고, 이 막과 내막 사이의 공간은 소포체 루멘과 연결되어 있다. 핵에는 핵소체라는 구조체가 있고, RNA와 단백질이 포함되어 있다. 여기에서는 리보솜 RNA의 합성이 일어나고, rRNA와 리보솜을 구성하는 단백질이 결합하여 리보솜이 만들어진다.

식물 세포가 동물 세포와 다른 특징은 엽록체, 액포, 세포벽을 가지고 있다는 점이다.

엽록체는 녹색의 볼록 렌즈 모양을 한 세포내 소기관으로 광합성을 하는 식물에 필요한 영양분을 제공한다. 전자현미경으로 관찰하면 스토로마라고 불리는 이중막으로 둘러싸인 엽록체 내부에 틸라코이드라고 불리는 평평한 원반 모양이 쌓인 구조(그라나)가 보인다. 틸라코이드 내부에는 엽록소 등의 광 흡수 색소가 포함되어, 엽록체의 광합성 전자전달 반응(명반응 = 빛을 필요로하는 반응) 계와 관련된 모든 대사과정이 일어난다. 라멜라는 틸라코이드 중 일부로서 가늘고 길게 뻗은 형태를 갖고 있으며, 그라나와 그라나 사이를 연결하고 있다. 스토로마에는 엽록체의 DNA와 RNA, 리보솜, 암반응(빛을 필요로 하지 않으며, 이산화탄소를 고정하는 반응)에 관여하는 효소 등이 있다.

액포는 1개의 이중막으로 세포질로부터 격리되어 있으며, 식물 세포 속에서 가장 눈에 띄는 구조물이다. 세포의 종류에 따라 크기와 내용물은 크게 다르다. 액포는 분열 세포에서는 매우 작지만 성숙한 세포에서는 잘 발달되어 있으며, 세포의 90% 이상을 차지하는 경우도 있다. 액포는 동물 세포의 리소좀과 유사한 성질을 가지고 있고, 고분자 물질의 분해효소군이 존재하며, 세포의 팽압 유지, 각종 물질의 저장 등의 기능을 갖는다. 세포가 성장하는 때, 액포 속에 물을 가져와 그 부피를 증가시킴으로써 세포질의 부피를 늘리지 않아도 된다. 꽃잎의 아름다운 색도 액포에 저장된 수용성 색소에 의해 나타난다. 일부 식물은 액포에 독성 물질을 축적하여 초식동물의 섭식을 방해한다.

세포벽은 동물과 식물의 체제에서 차이를 나타내는 가장 큰 요인으로서, 식물이 몸을 움직이거나 이동하지 못하는 것은 세포벽 때문일 것이다. 세포벽은 셀룰로오스 섬유와 다당류, 단백질로 이루어진 견고한 구조물이다. 세포벽을 구성하는 물질 중 비셀룰로오스성 다당류는 골지체에서 만들어진다. 골지체는 1개의 이중막의 편평한 구조가 겹친 형태로서 소포체에 가까운 쪽을 시스라 부르고 세포막에 가까운 쪽을 트랜스라고 한다. 소포체에서 합성된 단백질은 시스형에 들어가서 중간형을 거쳐 트랜스형으로 보내지는 과정에서 올리고당이 결합과 같은 수식을 거쳐 트랜스형에서 다시 소낭에 싸인 채로 골지체에 떨어져 나와, 세포 표면과 리소좀에 미세소관의 레일을 따라 운반된다. 골지체 내에서 합성된 세포벽

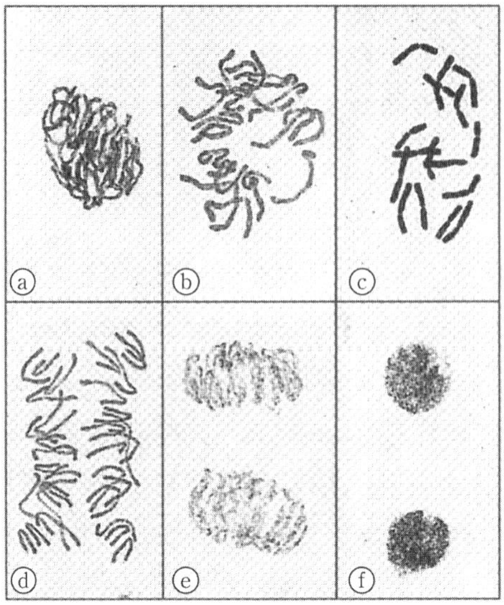

그림 1.2 체세포분열(파의 근단 세포 분열).
a : 전기, b : 전중기, c : 중기, d : 후기, e : 말기, f : 간기

매염색분체 염색질을 묶어 떨어지지 않도록 하고 있다고 생각된다. 코헤신의 접착은 후반에 들어서 파괴되고, 자매염색분체가 끌어 당겨지고 떨어지게 된다. 대부분의 식물은 동물과 달리, 중심체와 같은 뚜렷한 분열 장치는 관찰되지 않지만, 중심체를 둘러싼 중심체 매트릭스와 유사한 단백질로 이루어진 2개의 방추체극이 형성된다.

전중기 : 핵막이 붕괴하고 작은 조각이 되어, 소포체와 구별되지 않게 된다. 형성된 방추체극에서 미세소관이 뻗어 그 일부가 염색체의 동원체에 결합한다. 이것을 동원체 미세소관이라 부른다. 나머지 방추체 미세소관은 극미세소관이라고 부르며, 방추체극에서 반대극을 향해서 늘어나고, 양극에서 성장한 것이 적도 부근에서 겹쳐진다. 이와 같이 미세소관으로 이루어진 세포 골격을 방추체이라고 부른다. 미세소관은 2종류의 튜블린 단백질(α-튜블린과 β-튜블린)로 구성되며, 미세소관의 움직임을 제어하는 단백질(미세소관 결합 단백질)이 결합하고 있다. 미세소관을 형성하는 중합핵 형성부는 동물 세포의 경우 중심체에 존재하는 γ-튜블린이 그 역할을 담당하지만, 중심체가 없는 식물에서는 미세소관의 중합핵 형성부는 핵막에 분포해 있으며, 거기에 γ-튜블린도 존재하는 것 같다. 또한 동원체 미세소관은 2개의 염색분체에서 반대 방향으로 뻗어 있으며, 각 염색체는 그들에게 끌려 활발하게 움직이고 있다. 이 시기의 염색체는 일정한 위치에 있지 않다.

중기 : 전체 염색체는 동원체 미세소관에 의해 양극으로 이끌려 양극의 중간에

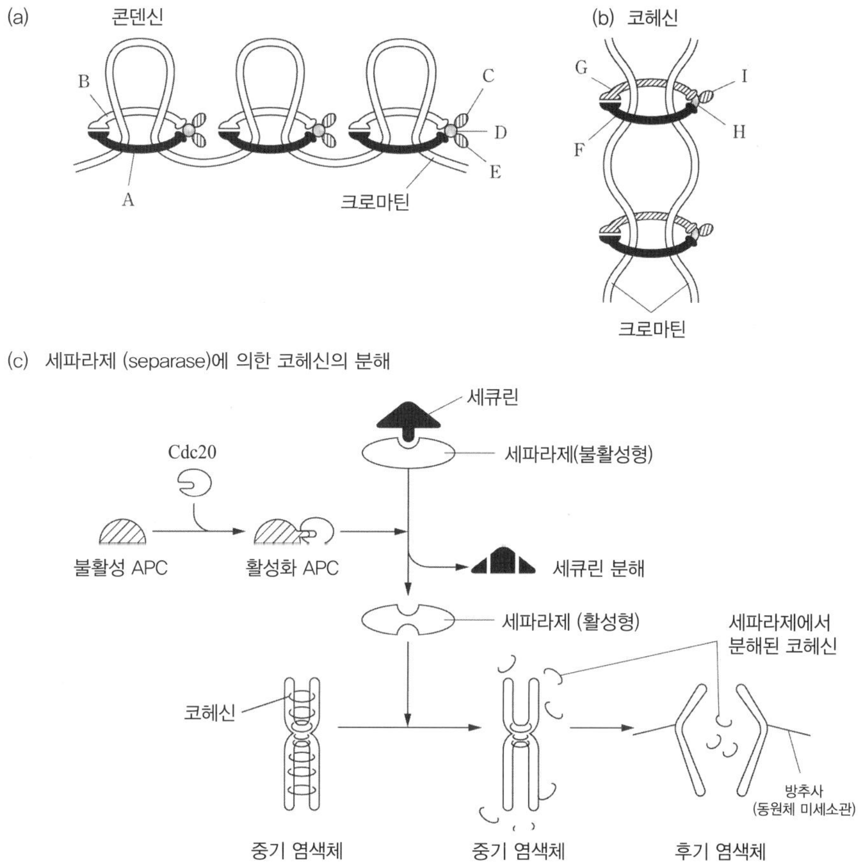

그림 1.3 콘덴신과 코헤신.
A : Smc4, B : Smc2, C : CAP-G, D : CAP-H, E : CAP-D2, F : Smc1, G : Smc3, H : Scc1, I : Scc3

있는 적도면에 나열한다. 미세소관은 방추체극과 반대쪽으로 뻗은 선단(플러스 종단)에서는 2종류의 튜블린 단백질의 부가(중합)와 해리(탈중합)가 생기고, 항상 신장과 단축이 반복되고 있지만, 염색체의 동원체에 부착하면 탈중합이 어렵게 되어 안정된다.

이것은 동원체에 부착된 미세소관의 플러스 종단(신장과 단축이 빠르다)에서 튜블린의 서브 유닛을 추가하지만, 방추체극 측의 마이너스 종단(신장과 단축이 플러스 종단만큼 빠르지 않다)에서는 튜블린을 감소시켜 전체적으로 균형을 취하고 있기 때문이다. 미세소관이 동원체에 결합하면 2개의 염색분체는 코헤신의 작동으로 동원체에 붙어 있기 때문에, 염색체는 X자형으로 보인다. 이 시기의 염색체는 가장 응축되어 있고 한 평면에 배열하고 있기 때문에 세포학적으로 관찰하는 데 적합하다.

후기 : 동원체가 분리하여 염색분체는 각각 양극을 향해 이동한다. 이 분리는 자매 염색분체를 잡고 있던 코헤신이 활성형 세파라제(separase, 단백질 분해효소의 일종)의 작용으로 분해되어, 염색분체가 분리되기 시작된다. 세파라제는 세큐린(securin)이라는 억제 단백질과 결합하여 불활성화되어 있지만, 후기에 접어들기 전에 Cdc20(활성화 서브 유닛)에 의해 APC(후기 촉진 복합체)가 활성화되고, 이것이 세큐린을 분해하여 세파라제가 활성을 가지게 된다(그림 1.3c).

이처럼 자매염색분체가 분리하기 전에 방추사 부착 체크 포인트(중기 체크 포인트) 기구가 작동하고, 전체 염색체가 방추사에 제대로 부착되었는지 확인된다. 만약 동원체가 방추사에 제대로 결합하지 않으면, 세포주기 제어계에 억제 신호가 보내진다. 미세소관이 결합하지 않은 동원체에는 여러 종류의 단백질(Mad2 등)이 결합하는 것으로 알려져 있으며, 자매염색분체의 분리에 관련된 효소(APC) 활성을 억제한다. 그러므로 자매 염색분체의 분리, 즉 중기에서 후기로의 전환은 모든 동원체에 방추사가 부착 될 때까지 일어나지 않는다.

체세포분열의 시작 단계에서 대부분의 코헤신은 떨어지게 되고 콘덴신이 결합하여 응축을 일으킨다. 코헤신은 자매염색분체를 계속 연결하는 데 필요한 소량만이 동원체 부분에 남겨지고, 후기가 되어서야 분해되어 염색분체가 분리된다.

한편, 분리된 염색분체의 이동은 2개의 과정으로 설명된다. 첫 번째는 후기 A라고 불리는 과정에서 염색체가 극에 가까워 질수록 염색체와의 부착 부분에서 동원체 미세소관이 줄어들고 염색체가 극으로 향하는 움직임을 나타낸다. 두 번째는 후기 B로 불리며, 자매염색분체가 어느 정도 떨어진 후 생기는 현상으로, 극미세소관의 플러스 종단의 중복 영역에서 서로 되돌아오는 힘이 작동하고, 양극이 서로 밀어서 떨어지게 하듯이 멀어진다. 극미세소관 플러스 종단은 신장하여 미세소관 자체도 길어지고, 염색체는 세포 표면으로 더욱 근접하게 된다. 후기의 소요 시간은 분열기 중에서 가장 짧다. 염색분체의 이동은 일제히 시작하기 때문에 특별한 방법이 제시되고 있다. 그렇다 할지라도 염색체를 둘러싼 미세소관 등의 단백질은 분자적으로 어떻게 연계하여 염색체를 움직이는 것일까? 이것도 흥미로운 수수께끼 중의 한가지이다.

말기: 동원체 미세소관이 소실하여, 염색체는 탈응축을 시작한다. 핵막이 다시 형성되고, 핵소체도 다시 나타난다. 다음 체세포분열의 마지막 마무리를 하여, 딸세포 사이에 새로운 세포벽이 만들어진다. 이 세포벽 형성은 세포주기 G_2기에 미세소관과 액틴 필라멘트로 구성된 전기전미소관속이 세포막에 따라 세포를 일주하여 형성되는 것과 관련이 있다. 말기는 극미세소관이 격막 형성체를 만든다. 그곳에 골지체(세포벽 성분을 포함)의 소낭이 미세소관에 결합하고 적도면 지역

에 집적하여 초기 세포판이 형성된다. 이 주위에 미세소관이 다시 형성되고, 또한 골지체 소낭과 결합하여 세포판이 확장된다. 세포판이 모세포의 세포벽과 융합하면 새로운 세포벽이 되고 독립된 2개의 딸세포가 완성된다. 동물세포의 세포질 분열은 수축 고리에 의해 세포질이 잘록하게 되어 둘로 나뉘는데, 식물 세포에서는 격막 형성체가 세포질 분열을 이끈다.

c. 감수분열

i) 감수분열의 의미

유성 생식은 복상세대와 단상세대가 교대로 나타난다. 복상은 기본수(x, 그 생물종이 생존에 필요한 최소한의 염색체 수)의 2배의 염색체를 가지고 있는 것을 의미하며, 2배체($2n$)라고도 한다. 단상은 기본수의 염색체만을 가지고 있는 세대를 나타내며, 1배체(n)라고도 한다. 단상의 형태인 생식세포는 복상인 체세포 절반의 염색체 수이기 때문에, 생식세포가 만들어지는 경우에는 복상 세포의 염색체 수를 절반으로 줄이는 방법이 있어야 한다. 소위 2배체 세포에서 1배체 세포가 만들어지는 과정은 특수한 세포 분열인데, 감수분열이라 불린다. 이 과정에서 부모 유래의 염색체의 조합이 변화하여 새로운 조합의 것이 생식 세포에 재분배된다. 고등식물에서 복상 세대는 길지만, 단상 세대는 매우 짧다. 감수분열에서는 1회의 염색체(DNA) 복제(2.2절 d)의 후, 2회의 연속적인 세포 분열(감수 제1분열과 감수 제2분열)이 일어나서, 1개의 복상세포로부터 4개의 단상세포가 생긴다. 감수분열과 체세포분열의 차이점은 다음과 같다.

① 체세포분열은 1회 분열이지만, 감수분열은 2회 연속 분열이다.

② 체세포분열에서 염색체 수가 그대로 보존되지만, 감수분열 후 세포가 절반으로 줄어든다.

③ 체세포분열은 동원체가 후기에서 분열하지만, 감수 제1분열은 동원체가 분리하지 않고, 상동 염색체가 2개의 염색분체의 형태로 나뉜다. 감수 제2분열에서 염색분체의 동원체가 분리된다.

④ 상동 염색체는 체세포분열은 서로 독립적이지만, 감수분열에서는 접합하여 염색체의 일부를 교환한다(1.4절 b).

⑤ 체세포분열은 유전적 연속성을 유지하고 유전적으로 동일한 딸세포를 만드는 반면, 감수분열은 유전자 교환을 통해 딸세포에 유전적 다양성을 만들고자 한다.

교배 실험을 계속하여, 위대한 멘델의 3법칙을 이끌어 낸 것이다.

완두콩을 선택한 이유는 많은 변종이 있고, 꽃의 수술과 암술이 큰 꽃잎 속에 담겨 있어서 정확한 인공 교배를 할 수 있는 적합한 형태를 갖고 있기 때문이다. 멘델은 34품종의 완두콩을 준비하고, 그 외형의 특성에 착안하여 부모로부터 아이에게 어떻게 전해지는지 면밀한 실험 계획을 세우고 관찰을 계속했다. 멘델이 선택한 특징은 ① 콩 모양(둥근 것 · 주름), ② 떡잎 색(노랑 · 초록), ③ 종피 색(회색 · 백색), ④ 미성숙 콩깍지의 색깔(녹색 · 노랑), ⑤ 성숙한 콩깍지 모양(팽창 · 수축), ⑥ 줄기의 길이(짧음 · 김) ⑦ 꽃의 위치(줄기에 측생 · 정단)의 7개의 형질이다. "콩의 형태"라는 특성에 대해 살펴보면, 건조해도 표면이 매끄럽고 둥근 것(둥근 것)와 건조하면 메마른 주름이 되는 것(주름)이 있다. 같은 형질에 대해 서로 다른 성질을 보여줄 때, 예를 들어 둥근 것과 주름을 대립형질이라고 부른다.

b. 멘델의 유전 법칙

1866년 멘델은 유전의 법칙에 관한 논문을 발표했는데, 그 당시 이 논문은 크게 주목 받지 못했다. 그러나 1900년 3명의 연구자에 의해 이 법칙이 재발견되어, 멘델의 업적이 각광을 받게 되었다(칼럼 1 참조). 다음 3가지는 멘델이 확립한 유전의 법칙이다.

① 대립형질을 가진 2가지 품종의 교배에서 얻은 잡종 제1세대(F_1 = 1st filial)는 어느 한쪽의 형질이 나타나고 다른 한쪽의 형질은 나타나지 않는다(우성의 법칙).

② 1쌍의 대립유전자는 감수분열(배우자 형성)동안 분리되어, 각각의 배우자에 분배된다(분리의 법칙, 멘델의 제1법칙).

③ 2쌍의 대립유전자는 서로 독립적으로 분리하여 배우자가 형성된다(독립의 법칙, 멘델의 제2법칙).

다음은 멘델이 실시한 실험과 도출된 법칙에 대해 설명한다. 멘델은 유전자에 해당하는 것을 직관적으로 가정하고 교배 실험을 계획했다. 그 흥미로운 실험에 주목해 보자.

i) 우성의 법칙

멘델의 실험에서는 7개의 형질 중 하나의 형질에서만 대립형질을 나타내고 나머지 형질은 같은 표현형을 갖으며, 게다가 각각의 특성에 대해 순계(자가수정을 시키면 몇 세대에 걸쳐서 똑같은 형질이 보이는 계통)인 품종이 선정되어(14 품종 필요한 것을 알 수 있다), 대립형질을 가진 개체끼리 교잡한다. 그 결과 F_1으로 나타난 형질은 반드시 부모 중 어느 한쪽의 형질뿐이었다. 예를 들어, 둥근 콩 꽃의 암술에 주름 콩의 꽃가루(또는 그 반대)을 수분시키면, 그 종자(F_1)는 모두 둥근 콩을 나타냈으며, 한쪽 부모의 형질(주름)은 전혀 나타나지 않았다. 콩깍지의 모양과 줄기의 길이 등은 F_1 종자를 뿌리고 자란 개체들로 조사했다. 이 현상은 멘델에 의해 다음과 같이 설명되었다.

부모로부터 자식에게 전해지는 유전 형질은 어떠한 요소(현재의「유전자」)에 의해 지배되고 있고, 그것은 생식 세포(꽃가루와 밑씨의 배우자) 내에 존재하고, 자식은 부친과 모친의 요소를 하나씩 받아서 형질이 정해진다. 그리고 부모로부터 받은 한 쌍의 요소 중 하나가 우선적으로 그 개체의 특징으로서 F_1에 나타난다. 이후, 이러한 현상은 우성의 법칙이라고 명명되었다. 한 쌍의 대립형질에 대해 우선적으로 나타나는 형질은 우성이라 하고, 나타나지 않은 쪽의 형질을 열성이라고 한다.

이 요소를 기호로 대체해 보자. F_1에서 항상 나타난 콩의 둥근 형질 요소를 우성으로써 *A*, F_1에서 항상 나타나지 않은 주름 콩의 요소는 열성으로 *a*라 한다. 콩의 모양이 둥근 완두콩은 부모로부터 요소 *A*를 하나씩 받고 있기 때문에 *AA*, 주름 콩을 나타내는 완두콩은 *aa*로 표시되며, 이 2가지가 순계 부모가 된다. 감수분열에 의해 만들어진 부모의 생식 세포(배우자)는 *AA*에서는 A(♀)과 A(♂), *aa*에서는 a(♀)과 a(♂)되기 때문에, 인위적으로 교배 한 자손 F_1에서는 암술 *A*와 꽃가루 a의 조합을 통해 모두 *Aa*가 되었지만, *A* 요소(둥근 형질)가 나타나고 *a*요소(주름 형질)가 나타나지 않게 되어, 전부 둥근 콩이 되었다(그림 1.6). 이 *A*과 *a* 요소는 나중에 유전자라고 불리게 되었고, 우성의 요소(유전자) *A*과 열성의 요소(유전자) *a*는 대립을 이루고 있기 때문에, 대립유전자라 부른다. *AA*과 *aa*, *Aa* 등의 유전자의 조합은 유전자형이라 불리며, 각각 나타내는 형질(원형이나 주름 등)을 표현형이라 한다. 그리고 *AA* 및 *aa*와 같은 동일한 유전자의 조합을 호모(동종) 접합이라 하고, *Aa*와 같이 다른 경우를 헤테로(이종) 접합이라 한다. 헤테로 접합 유전자형(*Aa*)의 표현형은 종자가 둥글다. 우성 유전자 *A*가 주름이 되는 열성 유전자 *a*의 기능을 숨기기 때문에 둥근 콩이 된다. 유전자형은 호모(*AA*)와 헤테로(*Aa*)가 달라도 표현형은 외관상 모두 둥근 콩이다

ii) 분리의 법칙

멘델은 또한 잡종 제1세대(F_1) 꽃에 자가수분시켜 7개의 대립형질에 대해 각각

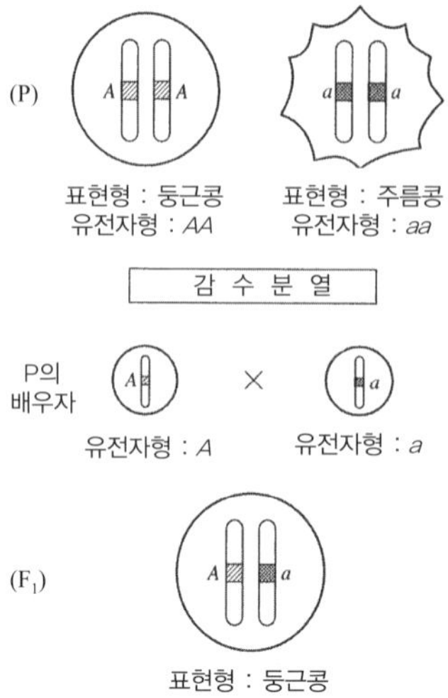

그림 1.6 유전자 잡종.

의 잡종 제2세대(F_2)을 얻었다. 그 결과 콩의 모양은 F_2는 원형과 주름이 3: 1의 비율로 나타났다. 또한 F_2의 자가수분을 시킨 잡종 제3세대(F_3)는 F_2의 둥근 콩에서 키운 완두콩 중 1/3이 둥근 콩만을 얻었고, 나머지 2/3의 완두콩에서 둥근 콩과 주름 콩을 3: 1의 비율로 섞인 채로 수확할 수 있었다. 한편, F_2에서 얻은 주름콩에서 키운 완두콩에서 수확한 것은 모든 주름 콩이었다. 이 현상을 이해하려면 생식 세포(배우자)이 어떻게 형성되는지를 아는 것이 포인트가 된다.

F_1 세대 콩의 형태에 관한 표현형은 모든 원형이고, 유전자형은 모두 헤테로(*Aa*)이었다. 이 F_1 세대 식물이 자가수분하기 전, 하나의 꽃 속의 암술과 수술에는 감수분열에 의해서 만들어진 단상(유전자를 *A* 또는 *a* 하나만 있는) 생식 세포가 존재한다. 체세포 중에서 쌍을 이루고 있는 *Aa* 유전자는 암술 중 여러 개의(하나의 꽃에서 생기는 1개의 콩깍지 속에는 여러 개의 콩이 생기기 때문에) 배낭 모세포(유전자형: *Aa*)에서 각각 감수분열에 의해 유전자 *A*을 가진 배낭 세포와 유전자 *a*을 가진 배낭 세포가 동일한 확률로 1/2씩 만들어진다. 한편, 수술에서는 꽃밥 안에 수많은 꽃가루 모세포(*Aa*)에서 감수분열에 의해 *A*의 유전자를 가진 꽃가루와 *a*의 유전자를 가진 꽃가루가 위와 같은 확률로 만들어지는 것이다. 이때, F_1의 대립유전자(*A*과 *a*)는 서로 섞여 중간의 성질을 가진 다른 유전자로 변화하는 것은 아니고, F_1 식물의 배낭과 꽃가루와 같은 배우자에는 대립유전자 중 어느 한쪽이 배정된다. 이처럼 배우자 형성시에 대립유전자가 각각의 배우자 세포로 분리하는 것을 분리의 법칙(멘델의 제1법칙)이라 한다.

분리의 결과, *A* 또는 *a* 유전자를 가진 배낭 세포(모친: ♀)와 꽃가루(부친: ♂)와의 수정으로 인한 F_2 유전자의 조합은 *A*(♀)와 *A*(♂), *A*(♀)와 *a*(♂), *a*(♀)와 *A*(♂), *a*(♀)와 *a*(♂)가 생각되어, 이와 같은 4 종류가 같은 비율로 발생한다. 이를 유전자형으로 생각하면, *AA*: *Aa* (*aA*) : *aa* = 1: 2: 1이 된다. 따라서 표현형으로는 원형(우성 형질, *AA* · *Aa* · *aA*) : 주름(열성 형질, aa) = 3 : 1이 되는 셈이다. 자엽의 색깔 등 다른 6개의 대립형질에 대해서도 F_2에서는 우성 형질과 열성 형질이 3: 1의 비율로 보였다(표 1.2). F_3 표현형의 비율도 분리의 법칙과 우성의 법칙으로 설명이 가능하다.

표 1.2 멘델의 F_2 실험 결과.

형질		F_2의 수		분리 비
우성	열성	우성	열성	
둥근콩	주름콩	5474	1850	2.96 : 1
노란콩 (자엽)	녹색콩 (자엽)	6022	2001	3.01 : 1
회색 콩껍질	백색 콩껍질	705	224	3.15 : 1
녹색 콩깍지	노란 콩깍지	428	152	2.82 : 1
부풀은 콩깍지	잘록한 콩깍지	882	229	2.95 : 1
긴 줄기	짧은 줄기	787	277	2.84 : 1
측지의 꽃	정단의 꽃	651	207	3.14 : 1

iii) 독립의 법칙

멘델은 마지막으로 두 쌍의 다른 대립형질을 가진 개체끼리의 교잡 실험을 실시했다. 예를 들어, 두 쌍의 대립형질은 콩 모양과 줄기의 길이이다. 멘델은 이 두 가지 형질이 잡종 형성 후에 어떤 관계가 있는지를 조사했다. 두 형질의 우성 순계 완두콩(둥근 콩과 긴 줄기)과 열성 순계 완두콩(주름 콩과 짧은 줄기)를 교잡한 결과, F_1의 모든 완두콩은 둥근 콩과 긴 줄기를 가진 것으로 되었다. 이 F_1을 자가 수분시킨 F_2의 둥근 콩을 뿌리면, 두 쌍의 대립형질 조합이 부모(F_1)와 동일하였으나, 다른 표현형도 나타났다. 그들은 둥근 콩과 짧은 줄기, 주름 콩과 긴 줄기, 주름 콩과 짧은 줄기로 구성되었다. 500개체 정도의 F_2 완두콩에서 각각 출현한 비율은 "둥근 콩의 긴 줄기 : 둥근 콩의 짧은 줄기 : 주름 콩의 긴 줄기 : 주름 콩의 짧은 줄기 = 9 : 3 : 3 : 1"이 되었다. 이 때, 각 대립 형질마다 주목해 보면, 원형과 주름의 비율은 12 (9 + 3) : 4 (3 + 1)로, 즉 3 : 1로 되어 있는 것을 알 수 있다. 길이 줄기와 짧은 줄기의 비율도 마찬가지로 3 : 1이다. 이전 법칙에서 설명되었던 콩 모양과 같은 한 쌍의 대립형질을 가진 개체끼리의 교잡에서 얻은 잡종을 1유전자 잡종(단성 잡종)한다. 반면 콩의 모양과 줄기의 길이처럼 두 가지의 대립 형질로 만든 잡종을 2유전자 잡종(양성 잡종)라고 부른다.

멘델이 실시한 2유전자 잡종 실험을 기호로 대체해 보자. 콩의 형태에 관한 대립유전자를 A와 a로 나타내고, 줄기의 길이에 대한 대립유전자를 B와 b로 표현해 본다. 순계 양친의 교잡($AABB \times aabb$)에서 태어난 F_1 유전자 형식은 $AaBb$가 된다. 양친이 만든 배우자의 유전자형은 AB과 ab이었다. 그러면 F_1의 자가수정에서는 어떤 유전자형이 생기는 것일까? 멘델은 실험 결과에서 두 쌍의 대립형질은 서로 영향을 미치지 않고 독립적으로 유전되고 있는 것으로 예상했다. 그러면 F_1은 A과 B에 대하여 a과 b가 대립형질로 존재하기 때문에, 그 배우자에서 식물 유전자의 맵핑으로는 지금까지 18S-5.8S-26S 리보솜 RNA 유전자(S는 침강 계수를 나타내며, 분자의 크기를 나타낸다), 5S 리보솜 RNA 유전자, 종자 저장 단백질 유전자 등의 다중 유전자(게놈 동안 여러 사본이 존재하는 유전자)에서 성공하고 있다(그림 1.12). 또한 수많은 반복 배열 DNA가 염색체에서의 위치하고 있으며, 염색체 밴드와 나란히 랜드 마커로서 매핑에서 중요한 역할을 하고 있다.

보통 밀은 3개의 게놈에 다중 유전자가 흩어져 존재하고 있다는 사실이 *in situ* hybridization에 의해 명확하게 되었다. 예를 들어, 18S-5.8S-26S 리보솜 RNA 유전자는 1A, 1B, 6B, 5D, 7D 염색체 상에 존재하고, 5S 리보솜 RNA 유전자는 1A, 5A, 1B, 5B, 1D, 5D 염색체에 각각 자리매김했다(Mukai et al., 1990, 1991). 이 유전자는 A, B, D의 3종의 게놈의 어느 것에도 존재하고 게다가 모두 단완 부분에 위치한다. 이것은 유전자 수준에서 3종류의 게놈 구조 분화가 그만큼 일어나고 있지 않다는 것을 보여주고 있다. 그런데 2종류의 반복 서열 DNA를 프로브로서 보통 밀 3종의 게놈에서의 분포 패턴을 조사한 결과, 하나는 B 게놈의 염색체에, 다른 하나는 D 게놈의 염색체에 많이 분포하고 했다. 이들은 3종 게놈의 공통 조상에서 소량 존재하고 있던 각각의 배열이 2배종 수준에서 진화 과정 동안 특정 반복 서열이 증폭된 것으로 생각된다.

FISH법은 여러 DNA 프로브를 다른 형광 염료로 표지하여 동시에 분자 잡종 형성하고, 각각의 신호를 다른 형광색으로 동일한 염색체에 감지할 수 있다. 이 방법을 multicolor fluorescence *in situ* hybridization (McFISH)법이라고 하며, 복

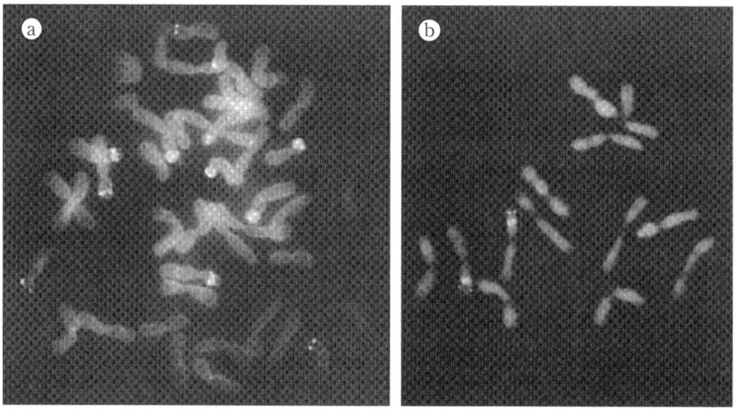

그림 1.12 FISH법에 의한 식물 유전자의 맵핑.
a : 보통 밀 ($2n$ = 42)의 5S 리보솜 RNA 유전자를 12개의 염색체 상에서 검출하였다.
b : 보통 밀 ($2n$ = 14)의 secalin 유전자를 1R 염색체의 부수체에서 검출하였다.

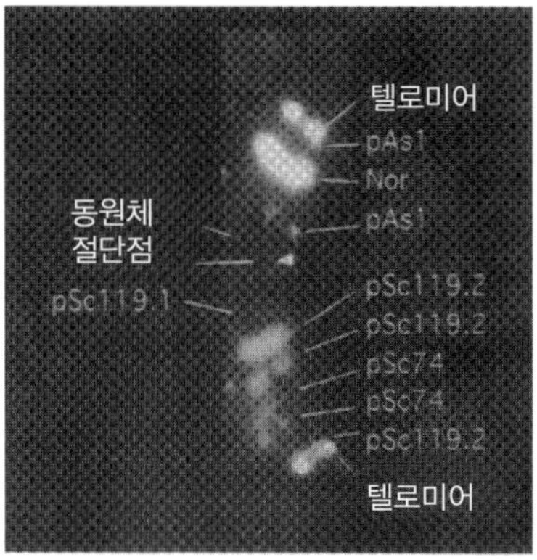

그림 1.13 그림 1.13 multicolor fluorescence *in situ* hybridization(McFISH)법을 이용하여 밀과 호밀의 전좌 염색체에서의 DNA 프로브 6종과 절단점의 동시 맵핑.

이 전좌 염색체는 밀의 6B 염색체의 단완 전부 및 장완의 일부에 존재하고, 호밀의 6R 염색체의 장완 대부분을 갖고 있다. 신호의 순서와 실제 관찰된 색은 위에서부터 6B 염색체 단완 텔로미어(노란색), pAs1(반복 DNA의 일종, 초록색), Nor(2차 협착, 18S–5, 8S–26S–리보솜 RNA 유전자, 보라색), pAs1(초록색), 동원체, 절단점(밀 염색체와 호밀 염색체의 전좌점을 표시, 여기부터 6R 염색체의 장완의 말단까지 호밀 특이적인 반복 서열 pSc119.1에 의해 전체에 연한 붉은색으로 표시되고 있다). pSc119.2(호밀에 유래한 120bp의 반복 서열 DNA, 빨간색), pSc119.2(빨간색), pSc74(호밀에서 유래한 350bp의 반복 서열 DNA, 파란색), pSc74(파란색), pSc119.2(빨간색), 6R 염색체의 장완 텔로미어(노란색).

수의 프로브에 대하여 한 번에 다양한 색으로 그 위치를 확인할 수 있기 때문에 동일한 염색체의 DNA 마커의 배열 순서 결정에 효과적이다(그림 1.13).

벼를 비롯한 많은 작물에서 유용 형질에 관여하는 유전자의 FISH법에 의한 매핑이 이루어지고 있다. 표적 유전자의 크기가 작아도 그 유전자를 포함 λ 파지와 세균 인공 염색체(BAC) 클론을 프로브로 사용하여 더 큰 신호를 얻을 수 있기 때문에, 확실히 염색체에 맵핑할 수 있게 되었다.

칼럼 1 | 멘델의 법칙이 3명의 연구자에 의해 재발견되기까지

1865년 멘델은 완두콩의 연구 성과를 체코 브르노 학회에서 구두 발표했지만, 대부분 반향이 없었다. 이듬해 그것을 "식물 잡종에 관한 실험"의 제목으로 이 학회의 논문으로 출판 관계자에게 제출했지만, 내용이 너무 난해하여 당시에는 크게 주목받지 못했다. 멘델은 당시의 세포학의 대가이자 염색체의 발견자로도 유명한 네겔리(Karl Wilhelm von Nägeli)에게도 별책을 보냈지만, 참신한 내용이었기에 그 또한 이해하지 못했던 것 같다. 오히려 네겔리는 멘델에 자신의 연구 재료인 주황조밥나물로 연구하도록 권했다. 멘델은 주황조밥나물에서도 교잡 실험을 실시했지만, 예상한 법칙성은 얻지 못하였고 결과가 복잡하게 되고 말았다. 후세가 되어 주황조밥나물은 아포믹시스(5.1절)를 일으키는 것으로 나타났다. 따라서 유전의 법칙을 알아 내기에는 부적합 재료였다.

멘델의 업적이 생전에 완전히 무시되고 있던 것은 아니고, 몇몇 연구자들 사이에서 논문에 인용되거나 브리태니커 백과사전(1881년 판)에 소개되기도 했다. Wilhelm Olbers Focke는 접목과 크세니아 등의 비멘델 유전 현상을 연구하고 있던 식물학자였지만, 그의 식물 육종 저서에서는 멘델의 작품에 대해 언급하고 있다. 또한 미국의 원예학자 Liberty Hyde Bailey는 저서 "식물 육종학"의 1895년 판에서 멘델의 논문을 참고 문헌으로 인용하였다.

실제로 멘델의 발견이 진가가 빛을 보게 된 것은 멘델이 1884년에 죽고 나서의 일이다. 1900년에 3명의 유럽학자, 즉 독일의 Carl Correns, 네덜란드의 Hugo Marie de Vries, 오스트리아 Erich von Tschermak가 자신의 연구 재료 식물들을 이용하여, 각각 멘델이 발견한 "형질의 분리"에 주의하여 각각 과거의 논문을 조사한 결과, 멘델의 논문과 같은 결과에 도달하였다. 분꽃 잎 반점의 연구를 수행하여 세포질 유전의 발견으로 유명한 Carl Correns는 발견 내용이 보편적 법칙임을 간파하고 "멘델의 법칙"으로 명명했다.

기이하게도 Correns는 네겔리에게 식물학을 배운 학생이었고, Erich von Tschermak은 멘델이 비엔나대학교에서 식물학을 배운 교수의 손자였다. 생전 멘델과 인연이 있던 인물들이 멘델의 대발견을 세상에 알린 사람들이었다는 것에 감사하게 생각한다.

02장 유전자와 게놈

2.1 유전자의 본체

a. 유전을 담당하는 물질

멘델이 유전 법칙의 논문을 발표하고서 3년 후인 1869년, 스위스 출신의 생화학자 F. Miescher은 고름에서 죽은 백혈구 세포의 핵을 모아 인을 많이 함유한 물질을 정제하고서 뉴클레인(nuclein)이라는 이름을 붙였다. 그것은 현재 염색질이라고 불리는 DNA와 단백질 복합체였으며, 다른 과학자들에 의해 더욱 정제되었나. 이는 산성 물질이었기에, 핵산이라고 이름 붙여졌나. 화학적 차이에 의해 핵산은 DNA(디옥시리보 핵산)와 RNA(리보 핵산)의 2종류가 존재한다. 현재는 유전자의 본체가 DNA인 것은 누구라도 알고 있는 것이지만, 19세기 말에 유전 요소가 발견되어, DNA의 근원이 되는 물질이 분리되었다는 것은 놀라운 것이다. 누가 유전자와 DNA가 결부된다고 예상한 것일까.

멘델은 유전 요소가 물리적 실체임을 인식하고 있었고, F. Miescher도 인산이 풍부한 물질이 세포에서 중요한 역할을 하고 있다고 생각하고 있던 것 같다. 현재와 같은 정보화 시대였다면 두 사람의 생각은 결합되었을지도 모른다.

유전 물질의 화학적 본체가 단백질 또는 DNA 중 하나인 것으로 생각하고 있었지만, 당시는 단백질 쪽이 유력했다. 유전 물질을 밝혀낸 첫 번째 실험은 F. Griffith에 의해 실행된 폐렴쌍구균의 연구였다(1928년). 폐렴쌍구균은 질병을 일으키는 S형과 질병을 일으키지 않는 R형이 있다. 병원성 S형 균을 가열하여 죽인 것을 쥐에 주사하여도 발병하지 않았지만, R형 균과 열을 죽인 S형 균을 동시에 주사하는 경우에는 발병한 S형의 성질을 결정하는 물질이 S형 균의 사후에도 남아, 그것이 R형 균에 옮겨져 그 성질을 발현시켰다. 이것은 비병원성균이 병원성 세균으로 형질전환한 것을 나타낸 최초의 예이다. 이 형질전환을 일으키게 하는 물질이 DNA라는 사실은 1994년에 Oswald Avery 그룹에서 의해서 밝혀졌다.

라이신의 메틸화(H3K27me), H4의 20번째 라이신의 디메틸화(H4K20me2) 및 트리메틸화(H4K20me3)가 진행하고 있다. 반대로, 히스톤 꼬리 아세틸화와 H3의 4번째 라이신의 메틸화(H3K4me)는 전사를 활성화시키는 화학 수식이다. 따라서 히스톤의 아세틸화는 거의 모든 전사 활성화에 관련되어 있지만, 메틸화는 수식이 되는 위치에 따라 효과가 다르다는 것을 알 수 있다. 이와 같이 DNA의 염기서열의 변화가 없는 유전자의 발현 제어를 후성유전(Epigenetics)이라고 부른다.

한편, 텔로미어와 동원체에서 발생하는 구성적 이질염색질은 H3K9의 메틸화 수식 (H3K9me2, H3K9me3)부위가 매우 중요하고 잘 보존되어 있는 것을 알 수 있다. 이러한 메틸화 H3K9에는 이질염색질 단백질 1(HP1)에 작용하여 강한 이질염색질로 변환시키게 되고, 세포주기 동안 응축된 상태를 유지하게 된다.

c. 염색체의 형태와 기능

생물의 염색체는 각 생물종마다 고유의 수와 형태를 가지고 있다. 그것을 염색체의 수와 형태로 나타낸 것을 핵형(Karyogram)이라 한다. 또한 핵형도(Idiogram)는 동원체 위치와 부수체와 이차협착의 유무 등을 그림으로 나타낸 것이다(그림 2.5). 최근에는 특수한 처리나 염색을 실시하여, 염색체에 줄무늬를 처리하는 것에 의해 더욱 정확한 핵형을 얻을 수 있게 되었다. 식물 사이의 핵형 비교를 기초로 하여 식물의 유연 관계 및 계통 분화 등을 확인할 수 있게 되었고, 이러한 분석을 핵형 분석한다.

염색체는 DNA라는 정보(데이터)를 담은 'USB 메모리'에 비유할 수 있다. 체세포분열 중기의 염색체는 2개의 동일한 염색분체로 구성되며, 동원체 부근에서 결합하고 있기 때문에 "X"처럼 보인다. 각각의 염색분체는 동일한 정보를 가진 DNA가 포함되어 있다. 이 염색분체는 세포주기의 S기에서 형성되고 G_2 기간을 거쳐 분열기(M기)의 끝에서 분리될 때까지 코헤신이라는 단백질 복합체에 의해 계속 연결되어 있다. 코헤신은 염색분체의 전체 길이에 걸쳐 존재하고 있다. M단계에 가까워지면 염색체 응축하기 시작하지만, 이를 돕고 있는 것은 콘덴신 단백질을 염색체의 축에 축적함으로써 응집이 진행하는 것으로 알려져 있다(1.2절 b).

다음 염색체에 필수적인 3가지 요소에 대해 생각해 보자.

제1요소는 동원체(Centromere)이다. 동원체는 DNA 복제 후 자매 염색체를 1개로 정리할 뿐만 아니라 세포 분열에서 염색분체가 양극으로 분리할 때, 방추체 실(미세 소관으로 이루어진)이 결합하는 부위에 있으며, 염색분체가 균등 배분되는 데 중요한 역할을 한다. 동원체에도 특수한 배열의 DNA(중심체 DNA)이 포함되어 있지만, 그 자세한 배열은 인간 등 일부 생물을 제외하고 아직 모른다. 인간의 동원체 DNA의 염기서열은 결정되어 있으며, 주로 171 bp 길이의 알포이드 DNA(Alphoid DNA)라고 불리는 반복 단위로 이루어졌다. 이 DNA의 특징은 염색체의 다른 부분에서는 볼 수 없는 많은 단백질이 결합하는 것이다. 이 단백질 중 하나인 CENP–A(Centromere protein–A)는 히스톤 H3와 매우 비슷하며, 동원체의 뉴클레오솜에서 히스톤 H3을 대체하고 있다고 생각되고 있다(중심체 특이적 히스톤 H3). 히스톤 H3 및 CENP–A는 약간의 차이가 있기 때문에, 동원체의 뉴클레오솜에는 특별한 성질이 있는 것으로 추측되는데, 이 성질이 동원체의 기능과 어떻게 관계하는지는 아직 불분명하다. 동원체의 기능 중 일부는 전자현미경 관찰에 의해 명확하게 되었다. 분열 중인 세포는 한 쌍의 판과 같은 동원체가 동원체 영역의 염색체의 표면에 있다. 이것은 방추사부착점(Kinetochore)이라고 불리는 삼층 구조로, 내부 층은 CENP–C, –A, –H 등의 단백질로 구성되며, 외부 층은 CENP–F 등의 단백질로 구성되어 있다. 가장 바깥 쪽은 CENP–E(키네신) 등의 모터 단백질이 존재하고 있어, 이 위치가 방추체의 실(미세소관)의 결합 부위로서 기능하고 있다. 동원체 부분은 알포이드 DNA(Alphoid DNA)와 CENP–B 및 기타 단백질로 이루어졌지만, 구체적인 구조는 알려져 있지 않다.

다른 생물 종의 동원체 DNA에 대해서는 생물에 따라 그 배열이 다르다. 게다가 같은 생물의 각 염색체 사이에서도 차이가 보인다. 식물은 인간 CENP–A와 같은 히스톤 H3와 유사한 단백질로서 애기장대의 HTR12, 담배의 NtCENH3 등 종별로 분류되어 있으며, 그 아미노산 서열에 대해서는 히스톤 H3와 공통되는 보존 영역과 N 말단의 가변 영역이 있는 것으로 알려져 있다.

제2요소는 텔로미어이다. 앞서 언급했듯이, 염색체 DNA의 말단은 텔로미어 DNA의 짧은 반복 구조로 구성된다. 이것은 염색체를 직선 상에 유지하기 위해 없어서는 안 되는 구조이다. 만약 텔로미어가 없으면 염색체 말단부터 손상이 가거나 또는 텔로미어가 없는 부분끼리 서로 붙게 되어 염색체의 안정성에 문제를 일으키게 된다. 마치 털실로 짠 스웨터에서 소매 부분이 풀려진 상태를 떠올리면 된다. 텔로미어는 또한 염색체의 말단 표시로서도 기능을 하고 있어서, 염색체의 말단이 절단에 의해 생긴 것인지 본래의 끝인지를 구별할 수 있다. 이렇게 해두면 잘라서 실수로 생긴 말단만 복구하면 되므로, 텔로미어는 그런 의미에서도 필수적이다. 텔로미어 영역에는 동원체와 같이 특별한 텔로미어 단백질이 결합하

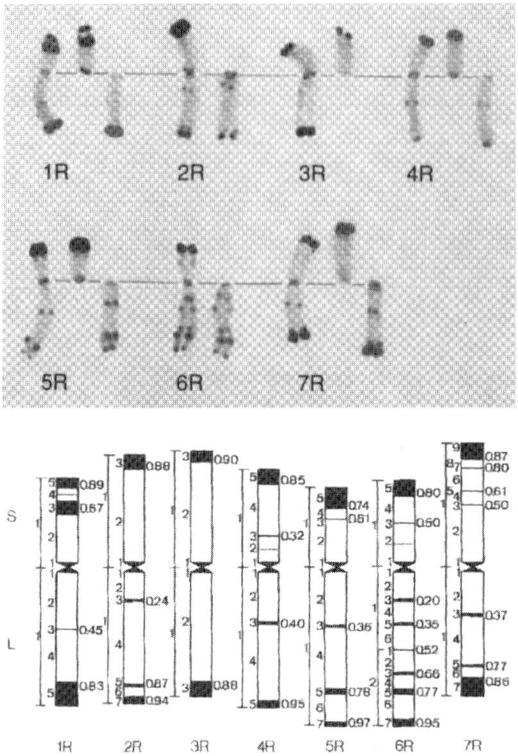

그림 2.5 호밀 염색체의 핵형.

위는 C 밴드 분염법에 따른 호밀($2n$ = 14) 염색체의 karyogram이다. 1R~7R 염색체와 각각의 단완 또는 장완만을 갖는 말단 동원체형 염색체를 나타낸다. 아래는 1R~7R 염색체의 idiogram을 나타낸다.

고 텔로미어의 뉴클레오솜은 특수한 구조를 취하고 있다. 이러한 구조가 염색체의 말단을 보호하는 역할을 하고 있다.

제3요소는 염색체 DNA의 복제 기점이다. 이것은 염색체 자신이 자신과 같은 카피를 만들기 위한 필수 과정으로, 진핵생물에서는 1개의 염색체 DNA가 매우 길기 때문에 많은 복제 기점을 갖추고 있다. 이렇게 함으로써 염색체 DNA 복제의 속도를 제어할 수 있다.

이와 같은 3가지 요소가 있으면, 염색체 DNA로서 최소한의 구조와 기능이 갖추어져 있는 셈이다. 이 3가지 요소를 갖춰서 특정 생물의 DNA 조각들을 연결하면 인공염색체를 제작할 수도 있다(14.5절 e).

세포 분열이 끝나면 염색체는 다시 탈응축하여 풀린 상태가 된다. 그러나 간기의 핵 내에서도 각 염색체 DNA는 무작위로 분산되어 있는 것이 아니라 일정한 영역을 차지하고 있다. 이것은 핵 내에서 특정 염색체만을 시각적으로 나타내 주는 기술이 개발됨에 따라 가능해졌다. 또한 식물 염색체의 이차 협착부에는 리보솜 RNA 유전자가 많이 반복적으로 존재하고 있으며, 그 부분은 항상 핵소체(인)에 부착되어 있다. 이 사실은 염색체의 구조와 기능이 결합되어 있는 것을 나타내고 있다. 밀류의 분열 조직의 간기 핵에서 동원체 부분은 핵의 한쪽 극 부근에 위치하고, 양쪽의 텔로미어는 그 반대쪽 반구에 위치 하고 있는 것을 알 수 있다. 즉, 1개의 염색체는 동원체 부근에서 구부러지는 것과 같이 핵 속에 배치되어 있다. 이를 Rabl orientation이라고 하며, 오스트리아의 해부학자 Rabl C.에 의해 발견되었다. 또한 첫 번째 감수분열 전기에서 2가염색체가 쌍을 이루고 있는 접합기의 세포에서도 특징적인 염색체의 배향이 보여져, 쌍을 이룬 텔로미어가 집합하여 세포의 극에 모여(텔로미어의 클러스터링, telomere clustering), 루프가 된 염색체의 동원체 영역이 정반대로 모이는 구조를 취한다. 이것은 루프 모양의 염색체의 끈을 텔로미어 부근에 묶은 꽃다발과 같이 보이기 때문에 부케 배향(Bouquet orientation)이라고 부른다. 식물에서는 옥수수, 귀리, 호밀, 밀 등에서도 관찰된다.

체세포의 핵은 염색체가 구획되어 있는 것으로 밝혀졌다. 각 염색질의 실은 서로 뒤섞여 있는 것은 아닌 것 같다. 각 염색체는 지역의 구조, 즉 염색체가 매우 구획화 되어 염색체의 팔이 서로 섞여 있지 않는 구조를 취하면서 간기 핵에서 안정된 핵 내 배치를 유지하는 것이 알려져 있다(Chromosome territories). 핵 내 배치는 염색체의 유전자 밀도나 크기, 유전자 발현과 밀접하게 관련 되어 있다. 예를 들어, 인간과 다른 영장류에서는 유전자 밀도가 높은 염색체는 핵의 내부에 위치하고 있고, 유전자 밀도가 낮은 염색체는 핵 주변부에 위치하고 있다. 식물에서는 애기장대의 각 염색체 위치 구조가 밝혀졌다.

2.4 게놈이란

a. 게놈의 개념

게놈(genome, 유전체)은 생물이 생존하는 데 필요한 최소한의 유전자를 포함하는 한 세트의 염색체로 정의되고, 1920년에 H.Winkler에 의해 사용된 용어이다. 진핵생물은 그 종이 가진 연관군의 총 개수, 즉 일배체에 있는 염색체의 수를 뜻한다. 이것을 DNA 수준에서 표현하면, 그 염색체의 전체 DNA 양이라고 할 수 있다. 원핵생물은 단일 연관군을 만들고 있기 때문에, 세포가 가지는 모든 유전 정보의 양이라는 것이다. 게놈이라는 말이 자주 사용되기 시작한 것은, 키하라 히사토에 의한 밀 게놈 연구 이후의 일이다. 키하라는 밀 동류를 재료로 한 배수성과 종간 잡종에 관한 광범위한 세포유전학적 연구를 통해 게놈설을 제안했다. 각 염색체는 다수의 유전자를 갖고 있음에도 불구하고, 단독으로는 작동할 수 없고, 또한 그들은 그 종이 일반적으로 갖고 있는 것을 세트로서 갖고 있지 않으면 제대로 작동하지 않는다는 것이 게놈설의 초점이다. 게놈설에 대해서 다음과 같이 정리할 수 있다.

① 게놈은 식물의 생존에 필요한 유전자 단위이며, 1세트의 염색체 또는 여기에 포함된 DNA의 총량이 된다.

② 이배체 식물의 생식 세포(단상 세포)에는 1게놈이 존재하고, 체세포(복상 세포)에는 2게놈이 존재한다.

③ 동일한 유전자를 동일한 순서로 배열하고 있는 상동 염색체는 동일한 게놈 중에는 존재하지 않는다.

④ 게놈을 2가지 갖고 있는 포자체에서는 감수분열 전기에 상동 염색체끼리 접합하고, 2가염색체를 형성한다. 상동 염색체 간의 상동 부분이나 유전자의 교환은 배우자의 생존에 아무런 영향을 주지 않는다. 따라서 멘델의 유전은 상동 게놈 사이의 잡종에서 성립한다.

⑤ 잡종에서 비상동 염색체가 있으면, 서로 접합을 이룰 수 없기 때문에 1가염색체가 관찰된다. 비상동 염색체로 구성된 경우를 비상동 게놈이라 한다.

⑥ 게놈은 생활 기능의 단위이기도 하므로, 1세트의 게놈 중 염색체 또는 그 일부의 중복이나 결실은 생활에 장애를 일으키거나 죽음을 초래하기도 한다.

⑦ 염색체 또는 핵에 존재하는 게놈을 특히 핵 게놈이라고 하며, 세포질 내의 세포내 소기관에 존재하는 세포질 게놈과 구별한다. 두 게놈은 협력하여 생물의 모든 기능을 발휘한다.

b. 게놈의 크기

염색체는 각각의 종에 따라 고유한 개수를 갖고 있으며, 모든 염색체에 포함된 DNA 양도 종에 따라 정해져 있으므로, 게놈의 크기를 나타낼 때에는 DNA 양으로 표현하는 것이 좋다. 세포당 DNA 양을 조사하는 방법으로는 여러가지 있지만, 정확하게 측정하기 위해서는 유세포분석기(flow cytometry)를 사용한다 (14.5절 c). 고등식물내 대표적인 종들의 DNA 양을 표 2.2에 나타내었다. 애기

표 2.2 고등식물의 대표적인 종의 DNA 양(게놈 크기).

종	염색체 수 2n (배수성)	반수체당 염기쌍 수 (Mb)	종	염색체 수 2n (배수성)	반수체당 염기쌍수 (Mb)
애기장대	10 (2x)	145	보리	14 (2x)	4870
벼	24 (2x)	430	호밀	14 (2x)	8300
수수	20 (2x)	760	메귀리	42 (6x)	11300
토마토	24 (2x)	900	밀	42 (6x)	16000
대두	40 (2x)	1100	소나무	22 (2x)	23000
유채	20 (2x)	1600	패모속(Fritillaria) 의 한 종	48 (4x)	125000
목화	52 (4x)	1650	일본삿갓나물	40 (8x)	147000
감자	48 (4x)	1700	대장균	1	5
옥수수	20 (2x)	2500	효모	16	14
담배	48 (4x)	3450	초파리	8	119
완두	14 (2x)	4170	사람	46	3254

장대의 1.45×10^8 bp(145 Mb, 1 Mb = 100만 염기쌍)에서 백합과의 일본삿갓나물 1.47×10^{11} bp (147 Gb, 1 Gb = 10억 염기쌍)까지 종간에도 1,000배 정도의 변이가 있다. 같은 벼과의 벼와 보통 밀을 비교해도 그 DNA 양은 40배 정도 차이가 난다. 이 DNA의 현저한 차이는 어떤 원인에서 오는 것일까? 그럼에도 고등식물 사이 내에서 유전자 개수에서는 그 만큼의 변이가 있지는 않다.

1 게놈당의 염색체 수를 기본 수라 하고, x로 나타낸다. 또한 배우자 당의 염색체수는 n이라 하고, 체세포당의 염색체 수는 $2n$으로 나타낸다. 예를 들어, 밀 속에는 2, 4, 6의 3종류 배수성이 존재하고, 각각의 염색체 수는 $2n$ = 14, 28, 42가 되지만, 기본 수는 x = 7이다.

c. 게놈 분석의 방법

게놈 분석은 각 식물 사이의 유연 관계 및 배수성 식물의 유래를 알아보는 방법이며, 그 주된 방법으로는 종간 잡종의 염색체 배합을 기반으로 세포유전학적 분석 방법과 DNA를 분석하는 분자생물학적 방법이 있다(14.1절 c).

세포유전학적 게놈 분석법은 키하라(木原) 그룹에 의해 발전되었으며, 근연 식물의 게놈의 상동성 및 배수체의 게놈 구성 등을 결정하기 위해 사용되는 방법이다. 이 방법은 밀 및 에이질롭속, 아베나속, 벼속, 목화속, 배추속 식물의 근연 관계 및 게놈 분석 방법에 사용되었으며, 게놈들간의 상호 관계를 밝히는 데 큰 기여를 하였다. 그림 2.6는 게놈 분석의 원리와 방법을 보여준다. 2개의 이배체를 교잡하여 얻은 F_1 잡종의 첫 번째 감수분열 중기에서 항상 X개의 접합을 이룬 이가 염색체가 관찰되었다면, 부모는 서로 같은 게놈 A를 가진다고 한다. 만약 말

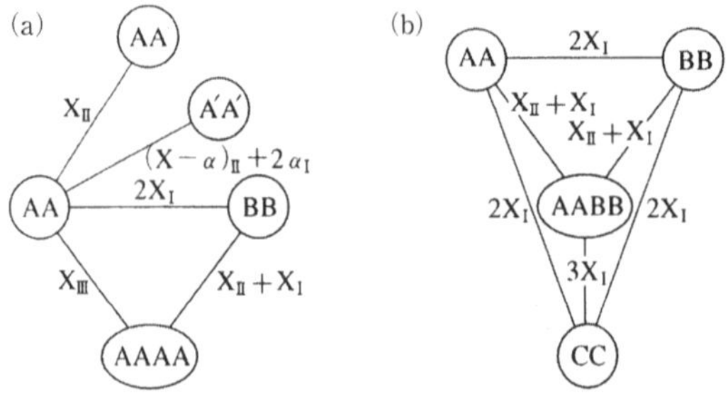

그림 2.6 게놈 분석의 방법.

a : 이배체끼리 또는 이배체와 동질 사배체. b : 이배체와 이질 사배체와의 F_1 잡종의 염색체 배합에 따른 게놈 분석의 방법을 나타낸다. A, A′, B, C는 게놈을 나타내고, 각 게놈의 염색체는 동등하게 X로 한다. A는 X 안에 배합하지 않는 염색체를 나타낸다. I, II, III는 각각 1가, 2가, 3가염색체이다.

단에서 접합을 이룬 2가염색체나 부분적으로 1가염색체가 출현한 경우는 2개의 게놈이 부분적으로 서로 같다고 판단되어, A′로 나타낸다. 다른 이배체와 교잡한 때, 2X개의 1가염색체를 나타내고 전혀 접합을 이루지 않는 경우에는 서로 비상동 게놈이라고 판단한다. 한편, 게놈을 A라고 한다면 다른 게놈을 B라고 하며 다른 대문자 알파벳으로 나타낸다. 이와 같이 게놈 구성이 판명된 이배체를 분석종이라 하며, 이러한 분석 방법을 이용하여 각 식물의 게놈을 분석할 수 있다

다음은 분석종을 이용하여 사배체의 게놈을 분석해 보자. 사배체를 A 게놈 종과 교잡한 F_1에서 모두 3가염색체(X_{III})가 되거나, 또는 부분적으로 2가(X_{II})와 1가(X_I) 염색체가 혼합된 경우는 사용한 사배체가 동질 사배체임을 알 수 있다. 다른 사배체를 이배체 AA와 BB와 교잡하여 얻은 잡종에서 X_{II} + X_I을 나타내고, 이배체 CC와의 관계에서 $3X_I$의 염색체 구성을 나타내면, 해당 사배체는 AABB의 게놈 구성을 가진다고 할 수 있다. 이와 같이 교잡에 의한 게놈 분석은 염색체의 배합이 중요하게 되는데, 형태 비교 및 잡종의 임성 조사도 아울러 실시할 필요가 있다.

d. DNA에 따른 게놈 분석

DNA 수준에서의 게놈 분석의 대표적인 방법 중 하나는 Genomic in situ hybridization(GISH)법이다. 염색체 표본에 대해서 분석종의 전체 DNA를 프로브로서 사용하여, 배수체의 상동 염색체 DNA와 분자 잡종을 형성시켜 그 부분을 눈에 보이도록 하는 방법이다. 이를 염색체 채색이라고도 하는데, 배수체의 염색체를 분석하기 위해 크레용으로 칠한다는 의미를 가지고 있다.

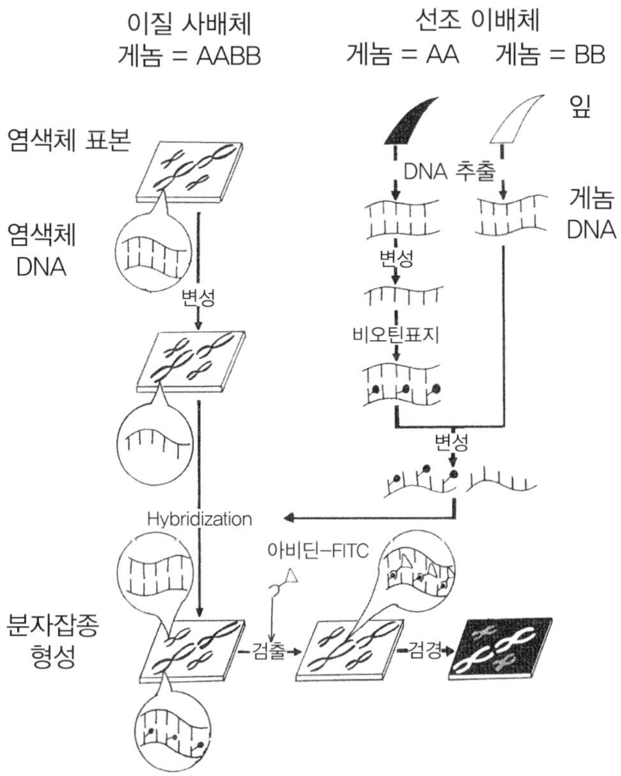

그림 2.7 GISH법의 원리와 순서.

GISH법의 절차를 그림 2.7에 나타내었다. 조사하려는 배수체의 중기 염색체 표본을 만들고 배수체의 게놈을 제공하고 있다고 추정되는 분석 종에서 전체 DNA를 추출한다. 그 전체 DNA를 바이오틴(biotin)으로 표지하여 프로브(probe)로서 사용해, 배수체의 염색체 DNA와 분자 잡종을 형성시킨다. 만약 배수체를 구성하고 있는 게놈 중 하나가 분석종과 상동을 이루면, 게놈에 소속된 염색체는 전체적으로 프로브 DNA와 분자 잡종을 형성한다. DNA 수준에서 다른 게놈에 소속된 염색체에도 부분적으로 상동 부분이 있기 때문에 잡종 형성을 할 수 있지만, 세척 과정을 반복함으로써 그 부분을 제거할 수 있다. 프로브 DNA와 교잡한 잡종 형성 부분만 형광을 나타나게 한다면, 분석종과 유래된 상동 게놈의 염색체만을 구별할 수 있다. 벼과 식물의 염색체에서는 이 조상 이배체와 상동 게놈을 검출한 사례가 여러 건 보고되고 있다. 배수체를 구성하는 게놈이 다른 방법에 의해서도 밝혀지는 방법이 있다할지라도, GISH법은 각 염색체의 소속 게놈을 파악하는 데 매우 효과적인 방법이다(그림 2.8).

그림 2.8 GISH법에 의한 듀럼밀($2n$ = 28, 게놈 = AABB)에 있어서 A 게놈 염색체의 검출. 형광에 의한 14개의 A 게놈 유래의 염색체가 B 게놈 염색체와 구별된다.

2.5 게놈 프로젝트의 의의와 성과

a. 애기장대 게놈 해석

게놈 연구는 유전자의 염색체 상에서의 위치 표시, 염기서열 결정, 유전자의 분리 및 기능 해명에 의해 개별 유전자뿐만 아니라 게놈 전체의 구성 요소와 그 기능을 명확하게 하는 것이다.

애기장대(*Arabidopsis thaliana*)는 십자화과의 1년생 식물이다. 세대 기간이 1~2개월로 짧고 재배도 용이하기 때문에, 실험실에서 다수의 개체를 처리할 수 있다. DNA의 도입이 쉽고 형질전환체를 쉽게 얻을 수 있기 때문에 많은 돌연변이체들이 만들어져 있고 유전 분석에 적합하다. 생물학적 분석 모델 식물로서 가장 널리 사용되고 있기 때문에 1996년부터 국제 공동 프로젝트로서 전체 염기서열 해석을 목표로 연구가 진행되었다. 당초 2004년 완료를 목표로 하고 있었지만, 분석 기술의 진보에 의해 목표 기간의 절반만에 끝마치게 되어, 2000년에 전체 게놈의 해석이 완료되었다.

애기장대의 해석된 염기서열(125 Mb)은 고등식물 중 가장 작고, 반복 배열이 다수 분포되어 있으며, 유전자가 존재하지 않는 영역을 제외한 115 Mb의 염기 정보가 매우 높은 정밀도로 구성되어져 있다. 유전자의 수는 26,000개이고, 5개의 염색체로 구성되어져 있다. 그 결과, 게놈의 20여 곳에서 대규모 염색체 중복이 보이며, 4,000개 이상의 유전자가 중복되는 것으로 나타났다. 엽록체와 미토콘드리아 게놈의 일부가 핵 게놈에 삽입되어 있기 때문에, 세포 내에서 게놈 사이의 DNA의 상호작용이 있다는 것을 보여 주고 있다. 남조류의 유전자와 높은 유사성을 나타내는 유전자가 다수 존재하고 있기 때문에, 남조류의 조상이 공생하는 엽록체로 진화해 가는 과정에서 남조류의 유전자가 식물의 핵으로 이행한 것을 나타낸 증거가 얻어졌다. 유전자는 4.5 kb에 1개의 비율로 존재하고 다른 고등생물보다 유전자 밀도가 높다. 인간의 질병 유전자와 비슷한 구조를 가진 유전자가 40개 가까이 발견되었지만, 식물에서의 기능은 불분명하다. 200개 이상의 내병성 관련 유전자가 발견되었다. 이러한 성과는 쌀이나 밀 등 다른 작물에서 농업에 유용한 유전자 탐색 및 많은 기초적 결과를 제공하여 신품종 육성에 도움을 줄것으로 예상된다.

b. 벼 게놈 해석

벼 게놈 연구는 벼과 식물의 모델로서의 기초 과학의 중요성뿐만 아니라 전체 염기서열 해석에 따른 새로운 기술을 이용하여 품종을 개발하는 것이 중요한 목직이었다(14.3절 b).

벼 게놈 연구는 일본의 농림수산성이 기획하여 1991년부터 시작되었다. 처음에는 염기서열 분석이 아니라 DNA 마커를 염색체에 상대적으로 나열하는 유전자 지도 제작, 인공 염색체(14.5절 e)를 나열한 물리 지도, 다양한 조직에서 발현하는 유전자의 부분 배열을 얻기 위한 발현 배열 태그(EST, expressed sequence tag) 분석이 이루어졌다. 1998년부터는 국제 벼 게놈 염기서열 분석 프로젝트에서 전제 염기서열 해석 작업이 시작되었다. 물리 지도에 정밀하게 정렬된 인공 염색체를 발현 유전자 등을 이용하여 DNA 마커로 제작한 유전자 지도와 비교하여 위치를 결정하고 각각 분석했다. 분석은 염색체마다 별도의 인공 염색체의 해석에 의해 진행되었고, 참가국은 12개의 염색체 중 일부를 분담했다.

그 결과, 2004년 12월에 약 3,500개의 모든 인공 염색체의 정확한 해석을 마쳤다. 또한 동원체 및 말단 부분 서열의 해석이 어려웠지만, 일부 염색체에 대한 해석은 종료되었다. 벼 유전자의 수는 32,747개로, 이 중 단백질을 코드하는 것은 31,232개이며, 그 밖의 유전자들은 각종 RNA의 유전자 등과 같이 단백질을 코드하지 않는 것이었다.

해석된 게놈 염기서열은 GenBank / EMBL / DDBJ 등의 공공 데이터베이스에 등록되어, 세계 각국의 연구자에게 공개되어 있다. 이러한 염기서열로부터 생물학적 및 육종학적 정보를 얻는 것이 중요하다(16.2절). 이러한 염기서열의 의미 부여 작업을 annotation(주석 붙이기)이라고 부르고 있다. 이 분석을 수작업으로 하는 것은 어렵기 때문에, 분석을 위한 소프트웨어가 다수 개발되었다. 벼 게놈을 자동으로 분석할 여러 해석 프로그램 RiceGAAS(rice genome automated annotation system)이 개발되었다.

또한 세계 벼 연구자 및 주석 전문가에 의해 벼의 유전자에 주석을 형성하는 작업(rice annotation project: RAP)이 진행되어, 작업을 통해 얻은 벼 게놈 주석 정보를 데이터베이스로 공개하고 있다. 벼의 게놈 정보를 육종으로 활용하기 위해서는 주요 형질 관련 유전자를 찾아 내서, 그 형질을 지배하는 염기서열을 분석하고, 여러 품종의 게놈을 배열을 비교하여 게놈 전체의 고밀도의 DNA 마커를 제작할 필요가 있다.

c. 콩과 식물의 게놈 해석

콩과 식물은 벼 과에 이어 중요한 작물로서 세계적으로 재배되고 있다. 일본에서는 식량으로서 직접 먹을 뿐만 아니라 가공품으로도 이용하여 왔다. 뿌리의 일부인 뿌리혹에서 뿌리혹 박테리아가 대기 중의 질소를 고정하고, 그 대신 숙주 식물로부터 탄수화물을 받는 공생 질소 고정 능력을 가진다. 질소 고정 기구의 해명은 농업 생산의 향상과 질소 비료 절감 등에도 이어져 일본이나 서양에서 연구 경쟁이 펼쳐졌다.

벌노랑이(*Lotus japonicus*), 개자리(*Medicago polymorpha*), 대두는 콩과 모델 식물로 전체 게놈 해석을 실시하여 2010년까지 완료했다. 벌노랑이는 동북 아시아 각지에 자생하고 있는 다년생 식물로서, 게놈 크기가 작고(470 Mb), 세대 시간도 짧기 때문에 콩과 모델 식물로서 연구가 진행되고 있다. 대두는 1.11 Gb 것으로 추정되는 게놈 배열 중 약 85%에 해당하는 0.95 Gb의 염기 정보가 읽혔다. 미국 내 대두의 EST 정보와 이화학 연구소 식물 과학 연구센터를 중심으로 한 컨소시엄에 의한 대두의 성숙 mRNA의 상보 배열인 전체 cDNA 서열 정보를 활용하여, 46,430개의 유전자를 동정했다. 유전자의 73%는 다른 속씨 식물과 공통이었다. 대두의 염색체 수는 $2n = 40$이며, 같은 콩 아과(亜科)의 벌노랑이($2n = 12$)와 개자리($2n = 16$)에 비해 염색체 수가 많고 게놈 구성은 명확히 밝혀지지 않았다. 이번 게놈 염기서열 결과로부터 대두는 5900만 년 전과 1300만 년 전에 전체 게놈 중복이 발생하여, 유전자의 다양화와 결손, 염색체의 재배치가 일어난 것이 명확하게 되었다.

이러한 콩과 게놈 분석의 결과는 콩과 식물의 품종 개량의 효율화에 도움을 줄 뿐만 아니라 인간과 다른 동물이 필요로 하는 단백질과 영양소를 식물이 어떻게 만드는지에 대해서도 결과를 제시할 것이다.

2.6 유전자 발현산물의 해석

a. 전사체 해석

전사체는 특정 조건 하에서 조직과 세포에서 일차 전사물인 mRNA의 전체상을 나타내며, 게놈의 기능면으로는 유전자 발현의 전체상을 나타내고 있다. 동일한 개체에서는 게놈은 일반적으로 동일하지만, 전사체는 조직마다 다르고 세포외 환경 조건에 영향을 받는다. 전사체 연구(Transcriptomics)는 다양한 생명 활동의 대사 경로의 다양한 전체상(대사체, Metabolome)을 이해하는 데 기초 데이터를 주기 때문에 대사물질 경로 및 활용도에 대한 해석에 도움을 줄 수 있다.

지금까지 많은 유용 식물의 게놈이 해석되어, 게놈 배열 데이터에서 전사체 및 대사체를 이용한 포괄적인 연구가 진행되고 있다.

b. 단백질체(프로테옴, Proteome) 해석

단백질은 세포 구조와 대사 경로의 구성 요소로서 생물에게 필수적이다. 단백질체 분석은 단백질체학(Proteomics)이라고도 불리며, 그 생물이 가지는 단백질의 포괄적인 연구를 의미한다. 유전체학(Genomics)는 게놈 전체와 유전자를 총괄적으로 분석하는 것이지만, 단백질체는 어떤 생물이 가지는 모든 단백질이나 특정 시기에 있는 어떠한 세포가 발현하는 모든 단백질의 전체상을 분석하는 것을 말한다.

단백질체 분석의 목표는 단백질의 상호작용이나 다른 조직, 시간, 환경 하에서의 단백질의 발현 전체를 밝히는 것이다. 식물에서는 겨우 수만 개의 유전자 밖에 알려져 있지 않지만, 이 유전자에서 유래한 단백질은 수십만 개에 달하는 것으로 추정되고 있다. 식물은 애기장대, 벼, 보리 등에서 단백질체 분석이 이루어지고 있다.

c. 형태를 만드는 유전자

멘델의 법칙이 알려지기 전, 19세기 전반에 독일의 문호 괴테는 꽃받침, 꽃잎, 수

대부분의 동물과 식물에서는 DNA가 합성된 후, 특정 염기에 메틸기가 부가될 수 있다. DNA 복제에는 정상적이며 수식되지 않은 시토신으로 채워지지만, 그 이후 DNA 메틸화효소(Methylase)라는 효소에 의해 시토신 염기의 5번째 탄소 원자가 메틸기(CH_3)로 수식된다. 많은 진핵생물의 게놈 중에서는 CpG 자리(CG가 풍부한 영역에서 p는 폴리뉴클레오티드 골격의 인산을 나타낸다)의 60~90%가 메틸화가 되어 있으며, 한번 발생한 DNA의 메틸화 상태는 세포가 증식함에 따라 에피제네틱 발현 억제로 이어진다. CpG 자리는 게놈 중의 비율은 많지 않지만, 유전자의 프로모터 영역 근방에 풍부하게 보여(CpG섬, CpG island), 보통 유전자의 경우는 메틸화되지 않고 발현할 수 있다. 다른 조직의 동일한 유전자를 비교하면, 일반적으로 발현하지 않는 세포의 유전자가 더 많이 메틸화되어 있다. 또한 여분의 메틸기를 제거하는 것으로 이 유전자를 작동 시킬 수도 있다.

한편, 유전자가 발현할 때 염색질 구조가 이완되기 위해서 뉴클레오솜에서 부분적으로 돌출된 히스톤 꼬리(2.3절 b)의 아세틸화가 중요하다. 히스톤 꼬리의 양전하를 띈 라이신에 아세틸기($-COOCH_3$)가 결합하는 것에 의해, 히스톤의 양전하가 중화되어 뉴클레오솜이 서로 결합할 수 없으며, 염색질의 응축한 컴팩트 구조를 유지할 수 없게 된다. 그 결과 염색질이 느슨해진 상태가 되어, 전사 인자 등이 결합하기 쉬워진다. 히스톤 아세틸화 효소는 염색질을 탈응축시킬 뿐만 아니라 프로모터 영역과도 연계되어 전사 인자와 결합하는 등 전사 개시의 촉진에도 참여하고 있다. 히스톤 꼬리는 이외에도 여러 종류의 화학 수식을 받는다. 아세틸화와는 반대로, 히스톤 꼬리에 메틸기($-CH_3$)가 부가하는 메틸화가 일어나면서 염색질이 응축되기 시작한다.

따라서, 히스톤 꼬리의 화학 수식이 염색질 구조와 유전자 발현에 영향을 줄 수 있다는 최근의 발견은 히스톤 코드 이론으로 이어진다. 이 모델에 따르면, 히스톤 아세틸화의 전반적인 수준보다 오히려 히스톤 수식의 특정 조합이 염색질의 입체 구조 결정에 관계되고, 전사에 영향을 주고 있다. 이러한 히스톤 수식이 DNA 메틸화를 촉진하거나 반대로 DNA의 메틸화가 히스톤 수식을 유도할 수 있다.

DNA 메틸화는 에피제네틱 수식을 유지하기 위한 화학 수식으로서, 히스톤 수식은 환경 변화에 따라 신속하게 대응하기 위한 화학 수식이라고 할 수 있다. 인간 ES 세포(embryonic stem cell)에서 히스톤 수식의 성질을 잘 이용하고 있으며, 식물은 빛 환경의 변동에 따라 개화 유전자가 서로 에피제네틱 작용을 받아 꽃의 모양과 꽃의 개화시기가 결정된다. 이러한 현상에는 꽃의 형태 형성 및 개화시기와 연관된 유전자와 결합된 히스톤의 메틸화 및 아세틸화가 영향을 미친다.

칼럼 2 | 프랭클린의 DNA의 X-선 사진

[DNA는 이중 나선 구조이다(왓슨과 크릭, 1953년)]. 이 세기의 대발견에 위대한 공헌을 한 인물이 있다. 그 이름은 로잘린 프랭클린이다. 그녀는 1920년 영국에서 태어나 캠브리지대학교를 졸업하고 대학원에 진학하여, 물리화학 박사학위를 취득했다. 제2차 세계대전 후에는 프랑스 유학을 마치고 킹스 칼리지 런던의 윌킨스의 그룹에서 연구하였다. 프랭클린은 X-선 결정학을 전공하였고, 연구 주제는 "X-선에 의한 DNA 결정의 분석"이었다. 당시는 오즈월드 에이버리(Avery O.)의 연구에서 유전 물질이 DNA라고 모두가 확신하기 시작하였으며, DNA 입체 구조의 해명이 주목 받고 있었다. 프랭클린은 DNA의 순도가 높은 결정을 만들고, 혼자서 꾸준히 X-선 분석을 실시했다. 어느 날 무명의 왓슨이 윌킨스 그룹으로 왔다. 그리고 X-선 결정학에 익숙치 못한 윌킨스는 왓슨에게 프랭클린이 촬영한 DNA의 X-선 사진의 복사를 보이고 말았던 것이다. 그것은 의도적이었는지. 어쨌든 프랭클린의 상사인 윌킨스는 그녀의 승낙을 얻었다고 말할 수 있는 상황이었다. 왓슨은 케임브리지에 있던 크릭과 함께 DNA 구조의 해명에 임하고 있었으며, 어윈 샤가프(Chargaff E.) 연구와 같은 제한된 정보를 힌트로서 DNA의 구조에 대해 대부분 예상을 하고 있었기에, 이 사진은 그가 DNA의 올바른 구조를 떠올리는 데 최적의 재료가 된 것이다. 이 X-선 사진에서, 이중나선 구조인 것과 DNA의 두께가 균일하고 푸린 염기와 피리미딘 염기가 쌍을 이루고 있는 것으로 도출되었다. 한편, 크릭도 프랭클린 영국 의학연구기구 연차보고서(1952)의 사본을 우연히

칼럼 2 | 프랭클린의 DNA의 X-선 사진 (계속)

손에 넣었다. DNA 구조에 관한 프랭클린의 치밀한 데이터와 분석을 자세히 볼 수 있었던 것이다. 프랭클린이 X-선 사진에서 읽은 상세한 화학적 • 물리적 정보[DNA는 2개의 구성 단위(= 2개의 DNA 가닥)가 서로 반대방향으로 점대칭으로 되어 있는 것과, 당과 인산의 주요 사슬이 이중나선의 바깥에 있는 것, 염기와 염기의 간격, 나선 꼬임 규칙성과 치수 등]은 2명의 결론에 결정적인 자신감을 갖게 했다.

왓슨과 크릭이 스스로 실험하지 않고서 해명한 DNA의 이중나선 모델은 1953년 4월 영국의 과학 잡지 "Nature"에 불과 1페이지의 짧은 논문으로 발표되었지만, 1962년에 윌킨스와 함께 노벨상을 수상하였다. 그것은 프랭클린이 암으로 세상을 떠나고서 4년 후의 일이었다. 프랭클린은 X-선 촬영의 영향으로 인해 발병한 것으로 알려져 있다. 비극의 연구자, 로잘린 프랭클린이 생명의 신비를 밝혀내는 새로운 시대의 문을 열어 준 것에 대해 경의를 표시하지 않을 수 없다.

03장 분화와 종의 형성

3.1 진화와 종의 분화

a. 새로운 종의 형성

새로운 종이 형성되는 것을 종의 분화라고 하는데, 이것도 진화의 결과이다. 종 분화의 양식에는 몇 가지 유형이 있으며, 그 중 하나가 계통 진화라고 불리는 것이다. 시간에 따라 종류의 변화가 일어나서, 모든 개체가 원래의 조상과 분명하게 다른 것으로 되는 경우이다. 이것은 새로운 종을 만들어 낼 수 있지만, 종의 수를 증가시킬 수 없다. 다른 양식은 종 분화라고 불리는 것으로, 하나의 종에서 2종 이상이 생기는 경우이다. 예를 들어, 종의 다른 집단이 다른 환경 조건에 노출된 경우에는 다른 종류의 변화가 일어나 다른 종으로 될 수 있다. 또한, 그 밖에도 새로운 종이 형성될 수 있는데, 그것은 2가지 종류가 잡종을 형성하여 하나의 새로운 종을 만드는 것이다. 이를 이차 종 분화라 불린다. 식물은 이종간 교잡이 일어나는 기회가 많기 때문에, 이차 종 분화는 종의 분화에 있어서 특히 중요하다.

특정 집단의 일부가 지리적으로 격리된 경우, 원래 집단의 유전자 교류가 없어진다. 따라서 격리된 집단은 그 환경에 적응하고 독자적으로 진화한다. 그 결과 다른 종이 형성된다. 지리적 격리로는 새로 생긴 화산, 강, 섬 등의 장벽이나 대륙이동과 같은 지구 표면의 대규모 변화들을 생각할 수 있다. 식물은 동물과 달리 자연계에서 잡종 형성이 흔하다. 동물의 경우는 잡종 형성 자체가 드문 현상이며, 비록 잡종이 생겨도 불임으로 자손을 남길 수는 없다. 하지만 식물은 잡종이 영양 생식과 원래의 부모와의 교잡에 의해 자손을 남기는 경우가 있다. 그러면서도 잡종의 출현은 드물기에, 잡종끼리 교잡하는 것보다 부모의 어느 한쪽과 교잡하는 경우가 많다고 생각된다. 또한 부모의 어느 한쪽과의 여교잡(5.2 c)이 계속되면, 다른 종의 일부 유전자가 도입되고, 결과적으로 부모종보다 유전적 변이의 폭과 적응도의 폭을 증대시키게 된다. 이 과정을 침투 교잡 또는 이입 교잡이라 부르며, 그 예가 붓꽃, 미역취, 하늘매발톱, 염소풀, 보리 등으로 알려져 있다.

b. 진화의 요인

진화를 초래하는 요인으로는 자연 선택, 돌연변이, 유전적 부동, 격리 등을 생각할 수 있다. 감수분열의 교차와 유성 생식에서의 배우자의 임의의 조합은 이미 존재하는 유전자의 새로운 조합에 의해 변이가 발생하게 된다. 이것은 새로운 유전자를 만들어내는 것은 아니다. 새로운 종류의 유전자는 DNA의 임의의 변화와 같은 돌연변이와 염색체의 재배열로부터 유래한다. 따라서 돌연변이는 새로운 변이의 공급원, 즉 진화의 원재료가 되는 중요한 사건이다. 돌연변이가 자연스럽게 일어나는 빈도는 1개의 유전자당 100만 개의 배우자에 대해 1~100개이다(표 3.1). 대부분의 돌연변이는 해롭기 때문에, 자연선택에 의해 집단 중에서 제거된다.

유전적 부동은 집단의 유전자 빈도가 우연히 변화하는 것이다. 이 현상은 작은 집단에서 보이는 것이며, 이를 통해 대립 유전자가 소실하거나 증가할 수 있다. 특히 집단이 일시적으로 작아질 때 생기는 유전적 부동의 영향을 병목 효과(Bottleneck effect)라고 한다.

새로운 종은 어디에서 오는가? 이 근본적인 질문에 대해 우리는 아직까지 만족할 수 있는 해답을 얻을 수 없었다. "종"이라는 말의 정의 조차 연구자에 따라 가지각색이다. 그 중에서 가장 일반적인 정의로는 서로 교잡이 가능한 개체 전체를 가리키며, 그 집단이 다른 유사한 집단과 생식 격리되는 것이다. 나중에 설명하겠지만, 교잡이 가능하다는 기준은 식물에서 종간 잡종 형성이 종종 발생하므로 그다지 적절하지 않을지도 모른다.

표 3.1 옥수수의 배유 형질에 관한 자연 돌연변이의 빈도.

형질	유전자 기호	돌연변이의 빈도 (10^{-6})
호분층의 착색	*R*	492
호분층의 착색	*I*	106
호분층의 착색	*Pr*	11
호분층의 착색	*Su*	2
호분층의 착색	*C*	2
노란색의 배유	*Y*	2
주름진 종자	*Sh*	1
찰기 있는 배유	*Wx*	0

3.2 배수화에 의한 진화

a. 동질배수체에 의한 진화

보통 같은 게놈을 2개 갖거나 더 많은 게놈을 가진 생물 개체를 배수체라고 한다. 배수체 동물은 드물지만, 식물에서는 매우 많고 속씨식물에서는 거의 절반을 차지하는 것으로 알려져 있다.

배수성은 식물의 종 분화에 있어서 가장 중요한 요소이다. 체세포에서 세포 분열 전의 염색체는 복제를 마치고 2배로 구성되어 있지만, 세포가 분열을 실패했을 때, 배가된 염색체가 하나의 세포에 존재하게 된다. 그 후, 세포는 염색체를 2배로 유지하면서 분열을 계속하고, 그 세포의 자손은 같은 게놈을 4개 가진 개체가 된다. 이것은 동질 사배체라고 불린다. 동질 사배체는 상동 염색체를 4개 가지게 되고, 감수분열에서는 4가염색체가 다가염색체를 형성하고, 정상적 감수분열이 어려워져서 부분적 불임의 원인이 될수 있다.

동질배수체에 의한 진화의 예로서 감자(동질 사배체)와 고구마(동질 육배체), 국화(동질 4~수십 배체)가 있다. 또한 영양번식 식물인 바나나, 서양민들레, 머위 등은 삼배체 식물이다. 또한 원예 식물은 히아신스, 칸나, 튤립, 앵초 등에서 인공적으로 삼배체가 육성되고 있다.

b. 이질배수체에 의한 진화

게놈이 다른 A종과 B종은 잡종을 형성한 경우, 그 잡종에서는 염색체 배합이 일어나지 않고 정상적인 감수분열을 할 수 없기 때문에 불임이 된다. 그러나 동질배수체의 경우처럼 염색체의 배가가 일어나면, 각 게놈의 염색체는 배합하는 상대를 갖고, 감수분열이 정상적으로 진행된다. 그 결과 정상적인 배우자가 만들어져, 자가수분에 의한 새로운 생존 가능한 종이 형성된다. 이러한 사배체를 이질사배체라고 부른다.

이와 같이, 다른 게놈 간의 잡종이 각각의 게놈을 배가시킨 개체를 복이배체라고 부른다. 이질배수체에 의한 진화의 예로, 밀 속, 에이질롭속, 아베나속, 배추속, 목화속 등이 알려져 있다.

배수체화는 한 번에 게놈 수를 2배로 시키므로 유전 정보가 다양해지는 극적인 진화 형태이다. 같은 게놈이 늘어나면 하나가 돌연변이에 의해 다른 기능을 가진 것도 허용된다. 또한 새로운 게놈이 더해지면 그만큼 유전 정보량이 증가하여,

환경에 대한 적응성도 증가한다. 예를 들어, 밀은 3종류의 게놈을 가졌기에, 그 재배지가 전 세계로 확산될 수 있었다.

c. 배수화의 메커니즘

배수체는 열대 지역의 식물보다 추운 기후의 지역과 고산 식물에서 많이 발견된다. 국화과와 벼과 식물은 배수체의 비율이 높고, 많은 곡류, 채소, 과일도 배수체이다. 자연에서 배수체 발생의 원인은 꽃이나 가지의 체세포 염색체의 배가와 생식 세포에서 드물게 있는 비환원 배우자(체세포와 동일한 수의 염색체를 가지고 있는 배우자)끼리의 수정이다. 또한 콜히친 처리 등에 의해 인공적으로 배수체를 만들 수 있다(9.1절).

3.3 재배 식물의 기원

a. 재배종의 성립과 특징

재배 식물은 야생 식물처럼 자연 환경에서 진화한 것이 아니라 인류와의 관계를 기반으로 야생 식물에서 진화했다고 생각되고 있다. 일본의 농학자 사카모토 사다오는 재배 식물의 기원은 식물과 인간 사이의 일종의 공생 관계의 성립 과정으로 정의하였다. 즉, 인간은 식량의 대부분을 재배 식물에 의존하고 있으며, 재배 식물은 인간의 손으로 씨를 뿌리고 재배되고 수확되어야 한다. 그런 의미에서 재배 식물과 인간은 상호 의존적이며, 공생 관계에 있다고 할 수 있다.

야생 식물에서 직접 재배된 작물을 일차 작물이라고 부르며, 벼, 밀, 옥수수, 대두, 목화 등이 있다. 또한 일차 작물의 수반 잡초에서 재배된 작물을 이차 작물이라고 부르며, 호밀과 귀리가 알려져 있다. 호밀은 밀이나 보리 밭의 잡초로 성장해 왔을 때, 돌연변이로서 비탈락성 종자가 발생하였고, 그 종자들을 함께 수확한 후 다시 씨를 뿌려서 재배종으로 발전한 것으로 알려져 있다.

재배종이 성립하기 위해서는 야생종의 형질에서 다음과 같은 변화가 일어나야 한다. 종자의 비탈립성(비탈락성)으로의 변화는 재배화에 가장 중요한 형질이다. 종자의 비휴면성, 유성생식 양식의 타식성(他殖性)에서 자식성(自殖性)으로의 변화, 다년생에서 1년생으로의 변화, 불임성, 생육 균일성(수확기 일치) 등도 재배화되기 위한 조건이다.

b. 재배 식물의 기원 중심

다양한 재배 식물은 전 세계 어디에서 탄생한 것일까? 1883년에 Candolle A.(Alphonse Louis Pierre Pyrame de Candolle)이 "재배 식물의 기원"을 출판한 이후, 많은 연구자에 의해 이 문제가 논의되어 왔다. 러시아의 식물 유전학자인 Vavilov N.I.은 유전 자원의 중요성을 인식하고 있었으며, 전 세계적으로 식물의 조사 채집 여행을 통해 방대한 종자 수집을 하게 되었다. 그는 조사 여행의 경험과 컬렉션의 결과로부터 유전적 다양성이 높은 지역이 농작물 발상의 중심지라고 생각하고, 재배 식물의 기원에 대해 체계적으로 정리한 "기원 중심"을 제창했다. 현재 재배 식물의 기원지는 8개 지역으로 정리되고 있다(그림 3.1).

그림 3.1 Vavilov에 의한 재배식물의 8대 원생 중심지.

1. 중국 (중앙 및 서부의 산악지대와 그 주변의 저지대) : 대두, 메밀, 복숭아, 팥

2a. 인도 (북서인도, 펀자브를 제외한 지역, 단지 아삼과 미얀마를 포함) : 벼, 가지, 오이, 참깨, 토란, 망고

2b. 인도와 말레이 반도 (말레이 반도, 자바, 보르네오 섬, 수마트라 섬, 필리핀 등 인도차이나) : 바나나, 사탕수수, 야자나무, 빵나무

3. 중앙아시아 (펀자브, 카슈미르를 포함한 서인도, 아프가니스탄, 타지키스탄과 우즈베키스탄, 텐산 산맥의 서부) : 잠두콩, 양파, 사과, 포도, 마늘

4. 중근동 (서아시아, 트랜스 코카서스, 이란 등 카스피해 동방 산악 지대) : 보리, 밀, 귀리, 당근

5. 지중해지역 : 완두, 양상추, 아스파라거스, 양배추, 올리브

6. 에티오피아 (에리트리아 고원을 포함) : 오크라, 커피, 아마

7. 남부 멕시코, 중미 (서인도제도를 포함) : 옥수수, 고구마, 강낭콩

8a. 남미 (페루, 에콰도르, 볼리비아) : 감자, 목화, 토마토, 땅콩, 담배)

8b. 칠레의 칠로에섬 : 딸기

8c. 브라질-파라과이 : 파인애플

에서도 유전 변이가 일어난다. 이러한 유전자 변이 중 농업 생산에 직접 도움을 주는 유전 변이를 가지는 재료를 중심으로 해서 육종 소재가 선정된다. 육종 사업 속에서 수집 또는 개발하여 저장되는 육종 소재를 보관하는 작업을 품종 보존이라고 한다.

육종 소재는 육종에 필수적이지만, 육종이 진행되면 특성이 뛰어난 소수의 품종만이 재배되기 때문에, 재배되는 품종 전체의 유전 변이는 급속히 감소한다. 이처럼 유전 변이를 포함하여 많은 품종이 잃게 되는 현상을 유전적 침식이라 부른다. 따라서 새로운 육종 소재는 재배되고 있는 품종 중에서는 거의 없고, 나중에 언급할 유전 자원 보존 시설 및 국내외 육종 사업에서 도입하는 것이 일반적이다.

육종 소재를 새로운 기술로 평가한다면 전례 없는 특성이 발견될 수 있으며, 그것을 사용한 품종도 육성되어 있다. 예를 들어, 작물의 특정 성분을 개량하는 이른바 성분 육종에서 대두를 원재료로 하는 두유 등의 콩 가공 식품에서 비린내를 줄이기 위해 산화 효소 리폭시게나아제(lipoxygenase)의 3종류의 효소(동위효소)를 모두 결실시킨 품종 '이치히메'와 '엘스타'가 육성되었다. 밀에서는 아밀로스 합성의 핵심 효소인 Wx 단백질을 만드는 3개의 유전자를 모두 변이시켜서 찰기 있는 밀이 개발되었다. 또한 참깨는 항산화 기능을 가진 세사민(Sesamine) 등의 리그닌류의 함량을 증가시킨 품종 '고마소우'가 육성되었다. 이와 같이 유용한 특성은 풍부한 육종 소재 속에 있던 것이지만, 각각 목적으로 하는 성분에 대한 생화학, 유전학적 분석 방법이 개발되어 육종 소재에 대한 정보를 바탕으로 신품종 육성이 가능해진 것이다.

4.5 육종 소재의 수집과 보존

육종 소재로 이용 가능한 많은 품종과 계통을 저장하는 시설을 유전 자원 저장 시설 또는 Gene bank라고 한다. 이들 기관에서 이루어지는 유전 자원 보존 사업은 유전자 원의 탐색 · 도입 · 저장 · 평가 · 기록 · 정보화 · 이용의 순으로 진행된다. Gene bank에는 다수의 식물종을 보존 · 관리하는 농업생물자원 Gene bank 등과 같은 종합 시설이나 특정 식물 그룹을 취급하는 전문 시설(예: 농촌진흥청 농업유전자원센터, http://genebank.rda.go.kr/)이 있다.

Gene bank에서는 재해 등으로 인한 손실을 방지하기 위해 유전 자원을 다른 여러 시설에 저장하는 것이 일반적이다. 예를 들어, 한국의 농촌진흥청 농업유전자원센터, 일본의 농림수산성과 미국 농무부에는 유전 자원을 중복으로 저장하여

표 4.1 세계의 Gene bank에 저장되어 있는 유전 자원의 추정 수치(FAO, 1996).

작물	총수	작물	총수
밀	784500	토마토	78000
보리	485000	병아리콩	67500
벼	420500	목화	49000
옥수수	277000	고구마	32000
강낭콩	268500	감자	31000
대두	174500	잠두콩	29500
수수	168500	카사바	28000
십자화과	109000	고무	27500
검은콩	85500	렌틸콩	26000
땅콩	81000	파 류	25500

숫자는 중복 저장을 포함한다

소실로 인한 유전 자원의 소실을 막고 있다. 전 세계 Gene bank에 저장되어 있는 개수는 작물에 따라 크게 다르다(표 4.1). 중요한 작물은 많이 저장되지만, 동시에 수집 • 저장이 쉬운 작물은 개체 수를 적게 저장하는 것이 일반적이다.

저장의 대상이 되는 식물의 부위 중 가장 많은 것은 종자이다. 그래서 발아가 좋은 건강한 종자를 보통 낮은 습도 및 저온에서 저장한다. 온습도 조건은 장기 보존의 경우는 –10~–30°C, 배포 종자의 경우는 0°C~ 또는 실내 온도가 일반적이며, 어떠한 경우에도 수분 관리(곡물 건조)가 매우 중요하다. 일반적으로 온도가 낮은 쪽이 장기적으로 저장할 수 있지만, 저온에 저장할수록 비용이 소요되기 때문에 저장 필요한 기간에 따라 조건을 바꾼다. 저장 중에 발아 능력을 확인하기 위해 정기적으로 발아 시험과 채종 재배를 실시한다. 또한 일반적으로 콩류 등 단백질과 지방을 축적 종자는 벼, 밀 등의 전분 종자보다 수명이 짧다.

Gene bank는 저장 식물을 생육하는 환경으로부터 반출하기 때문에 *ex situ* conservation(서식지 외 저장)라고 한다. Gene bank에 저장된 종묘를 재배하면 육성품종은 그 특성을 재현할 수 있다. 그러나 많은 유전 변이를 포함한 재래품종과 다년생 야생종 등의 경우에, Gene bank에 저장된 종묘에는 유전 변이 전체의 일부 밖에 포함되지 않을 수 있다. 또한 저장이 어려운 대형 식물과 대규모 자생지 등은 그대로의 형태로 유전 자원을 확보하는 것이 효율적인 경우가 있다. 이러한 자연 상태에서의 유전 자원 보존 방법을 *in situ* conservation(서식 역내 저장)라고 하며, 야생 벼와 임목 등에서 사용되고 있다.

전 세계 Gene bank에 저장되어 있는 작물의 개수는 방대하며, 보통 그 모든 특성을 동일한 조건에서 평가하는 것은 불가능하다. 이러한 유전 자원의 유전 변이를 가능한 적은 계통에서 최대한 포함되도록 선발해서 유전 자원의 대략적인 정보를 얻기 위해 만든 계통의 그룹을 핵심 컬렉션이라 한다. 핵심 컬렉션은 작물별로 만들어지지만, 근연 야생 식물과 실험의 계통을 포함한 경우와 종이나 속을 초과하여 만들어지는 경우도 있다. 핵심 컬렉션을 만들 때 유사한 계통이 중복되는 것을 피하기 위해 수집 지역, 용도, 생육 조건이 등이 서로 다른 계통을 수집하며, 유전 변이를 파악하기 위해 DNA 마커를 사용하기도 한다.

이렇게 선정된 핵심 컬렉션은 일반적으로 수백~수천 정도의 계통으로 구성된다. 유전 자원에서 목적으로 하는 형질 유전 변이를 얻고 싶다면, 핵심 컬렉션을 우선적으로 평가하여 목적으로 하는 형질의 유전 변이를 확인하고 바람직한 특성을 포함한 계통을 획득하여야 한다. 그리고 그 계통이 유래한 지역 또는 용도 등의 공통 유전 자원의 그룹을 평가함으로써 목적으로 하는 특성을 지닌 많은 계통을 얻을 수 있다.

Gene bank는 각각의 품종과 계통을 유래와 기초적인 특성을 기재한 이력 추적 데이터와 함께 관리하는 것이 일반적이다. 그러나 육종 소재 및 유전학적 연구에 사용하는 경우에는 더욱 상세한 특성 데이터가 있는 것이 바람직하다. 이러한 산업 또는 연구에 필요한 특성을 조사하여 데이터베이스로 제공하는 것은 유전 자원의 이용 가치를 높이는 데 중요하다. 특히 저장 유전 자원의 계통 수가 많은 경우에, 데이터베이스를 구축하고 있으면 목적 유전 자원을 효율적으로 얻을 수 있다. 따라서 규모가 큰 Gene bank에서는 온라인으로 검색할 수 있는 데이터베이스 시스템을 공개하고 있다. (예: 국제미작연구소 벼 유전자원 은행, https://www.irri.org/international-rice-genebank).

칼럼 3 | Global Crop Diversity Trust(Crop Trust)

식량농업식물유전자원조약(11.4절 b)을 효율적으로 수행하고 농업 식물 유전 자원의 안전한 유지를 목표로 하기 위해서 유엔 식량농업기구(FAO)의 산하에 Global Crop Diversity Trust가 만들어졌다. 이 단체가 수행하는 활동 중 하나는 전 세계에 존재하는 작물의 Gene bank를 조사하여 시설이나 안전성 면에서 문제가 있는 유전 자원을 찾아 저장하는 것이다. 지금까지 개발도상국의 유전 자원이 선진국의 시설에 저장되어 있는 예는 많이 있지만, 선진국에 의해 상업적으로 이용되고 있는 것에 도상국 측이 이의를 제기하였고, 현재는 유전 자원의 이용에 대해 국제적인 규칙을 만드는 것이 진행되고 있다(11.4절). 한편, 개발도상국의 유전 자원은 저장 시설이 충분하지 않고, 빠르게 사라져 가고 있다. 따라서 Global Crop Diversity Trust에서는 원산지의 권리를 보장하기 위해 의뢰자만 식별할 수 있는 번호가 붙은 유전 자원도 조건 없이 저장을 받고 있다.

이 목적을 위해 북극권에 있는 노르웨이령 스피트스베르겐 섬의 탄광 지역이었던 곳의 지하에 약 200만 점을 수용할 수 있는 대형 저장시설이 건설되었다(그림 4.2). 온도가 낮은 환경인 지하에 저장하는 것은 온도와 습도 관리가 쉬울 뿐만 아니라 자연 방사선 등에 의한 돌연변이 발생과 같은 유전 자원의 특성 변화를 방지하기 위함이다.

보리의 경우, 2007년에 세계적으로 유명한 유전 자원 전문가들을 튀니지에 소집해서 각각의 저장 기관의 보리 유전 자원의 중요성과 안전성에 대해 확인하였다. 또한 긴급하게 저장이 필요한 유전 자원의 목록을 만들었다. 이러한 작업은 표 4.2의 나타낸 작물 목록에 있는 유전 자원에서 이루어지고 있다.

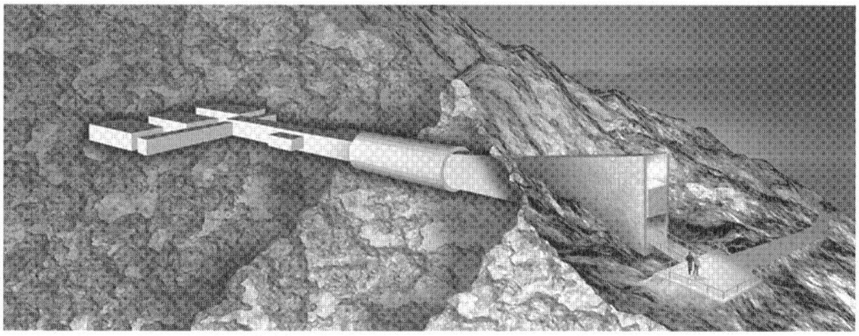

그림 4.2 스피트스베르겐 섬에 위치한 종자 저장 시설의 개념도.
노르웨이 농림수산성의 웹사이트(http://www.croptrust.org)로부터.

그림 5.5 웅성(꽃가루)불임이 일어나는 3가지.

a : 세포질과 핵내 유전자형 상호작용으로 불임이 일어나는 경우(벼, 밀, 옥수수, 페튜니아, 양파 등 많은 식물에서 발견되고 있음). B : 임성회복 유전자가 존재하지 않지만, 아직 발견되지 않았기 때문에, 세포질에 의해 임성과 불임의 여부가 정해지는 경우(무 등). c : 세포질에 관계 없이, 핵의 유전자에 의해 불임과 가임이 정해지는 경우(보리, 토마토 등)

S : 핵내 유전자형에 의해 웅성불임을 유발하는 세포질. F : 웅성불임을 유발하지 않는 정상 세포질. *R* : 세포질이 S일지라도 가임이 되는 기능을 갖는 우성 유전자(임성 회복 유전자). *r* : 세포질이 S일 경우 호모가 되었을 때, 웅성불임을 유발하는 열성 유전자. *T* : 정상 유전자. *t* : 웅성불임을 유발하는 열성 유전자.

중 하나로서, 옥수수, 양파 등은 부모 계통 중의 한쪽을 꽃가루가 성숙하지 않게 웅성불임시킨 후, 포장에서 두 계통을 나란히 자연 교잡시켜 잡종 종자를 생산하는 방법이 개발되고 있다. 웅성불임의 구조로는 그림 5.5에 나타낸 3가지가 알려져 있다.

그림 5.6은 옥수수처럼 종자를 생산하는 식물을 예를 들어 웅성불임 계통 육성 방법을 제시해 놓은 것이다. F_1 품종 육성을 위해서는 미토콘드리아 유전자에 유래하는 세포질 웅성불임 계통, 동일한 유전자형에서 정상 세포질을 가진 유지 계통, 그리고 임성 회복 계통의 3가지 계통이 필요하다. 양파처럼 종자가 아니라 잎이나 줄기를 사용하는 식물의 경우, 잡종은 종자를 생성할 필요가 없기 때문에 화분친이 임성 회복 유전자 *R*을 가질 필요는 없지만, 웅성불임 계통은 정상 세포질을 가진 유지 계통을 교배해서 계통을 유지한다.

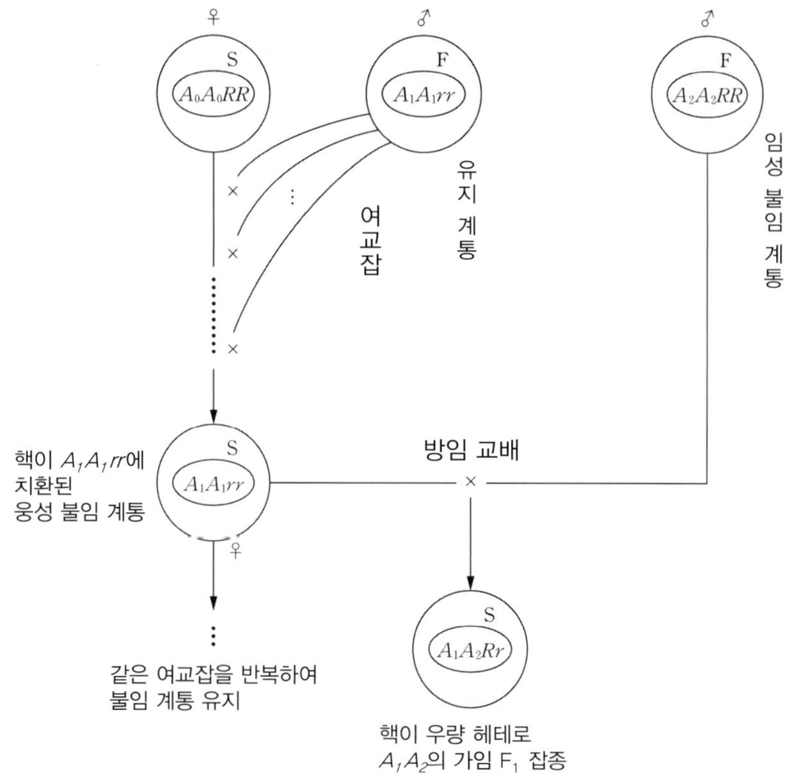

그림 5.6 웅성(화분)불임을 이용한 F_1 잡종 품종의 육성 방법 (종자를 이용하는 식물의 경우).
A : 생산성을 지배하는 유전자군 전체를 나타냄. *R* : 임성 회복 유전자.

그림 5.5c에서 나타낸 핵 유전자에 의한 웅성 불임의 경우, 종자 번식 식물이 웅성불임 계통(*tt*)을 유지하기 위해서는 그 유지 계통(*TT*)와 교배하여 F_2 개체를 키우고 그 속에서 불임 개체 *tt*만을 선택하는 작업이 필요하다. 또한 잡종을 만들기 위한 상대 계통 및 포장에서 자연 교잡시키는 경우는 *tt*와 *TT*의 교배로 만든 F_2 개체 중에서 불임 개체 *tt*만을 남겨두고 다른 *TT*와 *Tt*의 개체를 개화 전에 제거해 주는 작업이 필요하며, 작업의 시기는 한정된다. 따라서 웅성불임을 일으키는 세포질 또는 유전자를 사용하는 대신 FW450 등의 합성 제웅제를 한쪽 부모 계통의 화분에 분무하여 꽃가루를 비활성화하는 방법도 시도되고 있다. 또한 최근에는 유전자 재조합에 의해 옥수수를 웅성불임하는 기술도 개발되고 있다.

ii) 다계 교배

잡종 종자의 생산에 사용하는 근교 계통 또는 자식 계통은 근교약세의 영향으로 꽃의 수가 적고, 꽃가루의 양이 적기 때문에 개체당 생성되는 F_1 잡종 종자가 적고 성숙도도 좋지 않은 경우가 많다. 따라서 건강한 F_1 잡종 종자를 충분히 확보하기 위해서는 다수의 부모 개체를 교배와 채종을 위해 재배해야 한다. 이 단점을 보완하는 방법으로 3원 교배 또는 복(사계)교배가 사용되는 경우가 있다. 3원 교배는 2개의 근교 계통에서 얻은 F_1 잡종에 또 다른 세 번째 근교 계통을 교배하여 3계 잡종으로 채종하는 방식이다. F_1 잡종 개체는 생육이 왕성하기 때문에, 이것에 3번째 계통을 교배하면 비교적 소수의 개체에서도 충분한 양의 종자를 생산할 수 있다. 복교배는 4개의 근교 또는 자식 계통을 사용하는 방법이다. 4개의 계통을 A, B, C, D로 나타내면, 먼저 A × B와 C × D의 교배를 실시하고, 두 교배로 얻은 F_1 잡종 사이에서 교배하는 방법이다.

다계 교배를 사용하면 종자 생산은 쉬워지지만, 이로 인해 얻어지는 다계 잡종은 이미 언급한 단교배에 의한 F_1 잡종에 비해 대체로 수량이 낮고, 또한 특성도 고르게 되지 않는 단점이 있다. 또한, 다계 교배에서 만든 다양한 변이를 포함한 채로 잡종 계통을 매 세대에서 방임 교배로 유지하고 품종으로 사용한 경우, 이를 합성 품종이라고 부른다.

c. 가계 선발법

가계라는 것은 형제 관계에 있는 개체의 그룹을 가리킨다. 부모가 같은 개체의 그룹을 모든 형제 가계라고 부른다. 모친은 똑같으나 꽃가루의 유래를 확인할 수 없는 경우를 반 형제 가계라고 한다. 이 육종 방법의 이름은 목표로 하는 형질을 가계의 평균치에 의해 가계 단위로 평가하여 선발하는 것에서 유래한다.

모든 형제 선발법은 목적으로 하는 집단에서 우수한 개체를 선택하여 1대1씩 교잡하여 F_1 세대의 종자의 일부를 교잡하는 조합마다 재배하여 특성을 평가한다. 이 평가에는 가능한 한 반복을 설정한다. 우수한 교잡 조합의 계통을 복수 선택하면, 이러한 F_1 세대의 종자를 동량으로 혼합한 후 방임 수분시켜 개량 집단으로 한다. 이 1사이클 3세대를 필요한 만큼 반복하여 지속적으로 집단을 개량한다.

반 형제 선발법은 화분의 유래를 확인할 수 없는 방임 수분 집단의 개체를 선발하기 때문에 모계 선발법이라고도 한다. 이 방법에는 2종류가 있는데, 첫 번째 방법은 선발한 개체에서 채종하여 다음 세대에서 개체 별로 계통을 육성하고, 불량한 계통을 개화 전에 제외해서 우량 계통을 선발하며, 그 종자를 혼합하여 다음 방임 수분 집단으로 한다. 또 다른 방법은 방임 수분 집단에서 우량한 개체를 선발한 후, 다음 세대에서 종자의 일부를 계통 재배하여 반복되는 계통 평균치로 평가한다. 우량한 계통의 제1세대의 남은 종자를 동량 혼합해서 제3세대 계통을 육성하여 다음 방임 수분 집단으로 한다.

이러한 가계 선발법은 방임 수분 집단에서 선정한 우량 개체의 차세대를 계통으로 평가하고 후대 검정을 사용하기 때문에 반복하는 것이 가능하며, 형질 평가의 정확성이 향상된다. 그러나 반 형제 선발 방법은 꽃가루 측의 유전자에 대한 선발을 할 수 없다는 단점이 있다.

d. 순환 선발법과 상반 순환 선발법

잡종 강세를 이용한 육종 방법으로 가장 최근 이용되는 방법이 순환 선발법과 상반 순환 선발법이다. 순환 선발법은 그림 5.7에 나타낸 것과 같이, 출발 분리 집단 중에서 미리 정해진 검정 계통과의 사이에서 우수한 조합 능력을 나타내는 개체를 선택하고, 그 자식(自殖) 계통을 서로 교배시켜 다음 분리 집단을 양성하

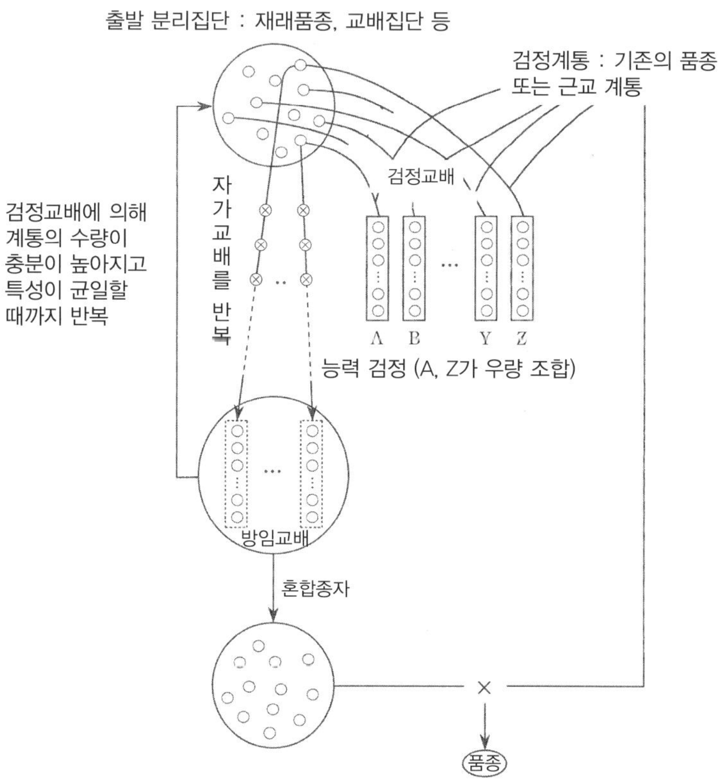

그림 5.7 순환 선발법에 의한 잡종 품종의 육성 방법.

는 작업을 여러 번 반복하는 것이다. 이 반복을 통해 다양한 변이를 포함한 처음의 집단은 점차 검정 계통과의 교배로 수량이 높고, 특성의 균일한 잡종을 생산하는 집단(계통)으로 개량된다.

상반 순환 선발법은 특정 검정 계통 대신 분리 집단을 하나 더 설치하고, 서로를 검정 계통으로 쓰면서 조합 능력을 점차 높여 나가는 방법이다. 순환 선발법과 상반 순환 선발법은 모두 출발 분리 집단이 가지고 있는 유전적인 능력을 충분히 이끌어내 이용한다는 점에서 가장 앞선 방법이라고 할 수 있지만, 상당한 비용과 시간이 소요된다는 것이 문제이다.

06장 돌연변이를 이용한 육종

6.1 돌연변이의 종류와 유도 방법

유전 형질은 유전자가 부모에서 자식으로 전달하면서 일어난다. 이 유전자의 본체인 DNA는 매우 안정한 분자이지만, 매우 낮은 빈도로 복제 또는 손상 복구 과정에서의 오류와 감수분열시 염색체의 부등 교차(1.4절 b) 등으로 구조가 변화한다(표 3.1). 이 현상에 의해 세포나 개체에 형질의 변화를 가져오는 것을 돌연변이라고 한다. 돌연변이는 근소한 유전자의 변화를 가리키지만, 넓은 의미로는 염색체 구조의 변화와 염색체 숫자의 증감도 포함한다. 유전자 돌연변이는 유전자의 DNA 염기서열(2.1절)의 일부가 결실(염기가 1개 이상이 없어졌을 경우), 삽입(새 염기쌍이 부가되는 경우), 치환(다른 염기로 치환한 경우), 역위(염기쌍의 배열이 거꾸로 된 경우), 중복(같은 염기서열이 2곳 이상 중복하여 존재하게 된 경우) 등을 통해 발생하게 된다. 염색체의 구조 변화는 위의 유전자 수준에서의 변화가 염색체 수준에서 일어난 것으로, 반대로 위(염색체의 일부가 정상적인 방향과 반대로 된 경우), 결실(염색체의 일부가 사라진 경우), 중복(염색체의 일부가 중복되어 존재하게 된 경우) 등이 있다. 염색체의 수가 변화한 구조 변이에는 제9장에서 언급할 이수체와 배수체가 있다. 일반적으로 염색체의 구조와 숫자의 변화에 의한 돌연변이는 유전자의 돌연변이에 비해 더 큰 형질의 변화를 가져온다.

돌연변이는 생명의 탄생 이후 오늘까지의 생물 진화와 다양성의 근원이지만, 이것을 인공적인 방법으로 유도하고 품종을 육성하려고 하는 것이 돌연변이 육종이다. 돌연변이의 유도 방법은 목적하는 돌연변이가 위에 언급한 유형 중 어느 것인지에 따라 다르다. 유전자 돌연변이를 인위적으로 일으키는 방법은 표 6.1에 니디낸 비와 같이, 방사선 및 화학 물질을 종자(배아) 또는 식물체의 생장점에 처리하는 것이다. γ-선이나 X-선 또는 에틸메탄술폰산(Ethyl methanesulfonate, EMS) 등의 알킬화제의 수용액을 종자에 적당량 처리하는 것이 가장 일반적인 방법이다.

표 6.1 돌연변이를 유도하기 위해 사용되는 주요 돌연변이원.

방사선	**전자선** 하전된 가벼운 입자 :β 선 또는 전자선 하전된 무거운 입자 : α 선, 양자선 하전되지 않는 입자 : 중성자	**전자파** 자외선 X-선 또는 γ 선
화학물질	Diethylsulfate (dES) $S_{O2}(OC_2H_5)_2$ Ethylmethane sulfonate (EMS) $CH_3SO_2OC_2H_5$	*N*-ethyl-*N*-nitrosourethane (ENU) C_2H_5, ON >N−$COOC_2H_5$ *N*-ethyl-*N*-nitrosourea (ENC) C_2H_5, ON >N−$CONH_2$ *N*-methyl-*N*-nitrosourea (MNU) CH_3, ON >N−$CONH_2$ Sodium azide NaN_3

또한 방사선 중 하나이지만, 사이크로트론(cyclotron)이나 신크로트론(synchrotron) 등을 사용하여 원자의 이온을 고속으로 한 가속중입자선(이온빔)을 식물에 조사하는 방법이 최근 시도되고 있다. 이 기술은 이온 가속기를 돌연변이원으로 이용하는 것으로, γ-선이나 X-선에 비해 같은 선량에서도 큰 에너지를 국소적으로 가하는 것이 가능한 특징을 가지고 있다. 따라서 지금까지의 방법에 비해 몇 배 이상의 돌연변이 율을 나타내어, 표 6.2에 나타낸 바와 같이, 얻어진 돌연변이의 종류도 다양하다는 것으로 보고되고 있다. 예를 들어, 카네이션에서 X-선, γ-선, EMS 처리에 의해 체리색, 밝은 복숭아색, 복숭아색, 빨간색으로 꽃 색깔 변이가 일어난 반면, 이온빔은 선홍색, 노랑색, 크림색 등의 변이를 얻을 수 있다.

이러한 돌연변이원을 처리하면 유전자 유전자의 돌연변이와 함께 염색체의 구조 변이도 생긴다. 적당한 유발원과 처리 시간의 설정은 목적으로 하는 돌연변이의 종류, 식물의 종류, 처리 대상인 종자와 조직의 생리적 조건(수분 함량, O_2 함량, 영양 조건 등)에 따라 다르다. 처리 방법에 대한 자세한 내용은 돌연변이 육종을 자세하게 언급한 문헌을 참조하기 바란다.

이수체와 배수체 같은 염색체 수의 돌연변이를 인위적으로 생성하는 방법은 제9장에서 설명한다.

표 6.1에 나타낸 바와 같이, 돌연변이원을 처리하면 다양한 돌연변이가 동시에 발생한다. 현재 이러한 돌연변이의 종류와 방향을 조절할 수 없으며, 어떤 돌연변이가 어느 정도의 비율로 발생하는지 정확하게 예측할 수 없다. 또한 돌연변이의 발생 빈도는 낮고, 게다가 실용적인 것은 그 중에서 극히 일부이다. 따라서 목적으로 하는 우수한 돌연변이 계통을 얻기 위해, 처리한 개체에서 많은 자손을 기

표 6.2 이온빔에 의해 육성한 품종 일람.

식물종	신품종	핵종 (가속기시설)	육성 년도	특성
달리아	월드	탄소 (RIBF)	2001	화색, 화형
국화	이온의 광명 신신 (新神) 신신 2 (新神2)	탄소 (TIARA) 탄소 (TIARA) 탄소 (TIARA)	2002 2003 2007	화색, 무측지성 무측지성, 저온개화성
오스테오스페르뭄 (Osteospermum)	비엔토플라밍고	탄소 (TIARA)	2007	화색
카네이션	레드바이탈이온 빔체리	탄소 (TIARA) 탄소 (TIARA)	2002 2003	화색 화색, 내서성
패랭이꽃	올리비아퓨어화이트	탄소 (RIBF)	2007	화색
안개꽃	치이사나아이	탄소 (TIARA)	2010	화색
버베나	하나테마리코랄핑	탄소 (RIBF)	2001	불임
페튜니아	사피니아로즈 세토후쿠화이트바리에가타	탄소 (RIBF) 수소 (W-MAST)	2003 2007	화색 반입무늬 잎
네메시아	세토후쿠 NVB 세토후쿠 NVLB	탄소 (W-MAST) 탄소 (W-MAST)	2007 2007	반입무늬 잎 반입무늬 잎
일일초	세토후쿠 CAMR	탄소 (W-MAST)	2007	화색
딜로스펄머	핑크링 로즈	탄소 (RIBF) 탄소 (RIBF)	2007 2007	왜성, 화색 왜성
벚꽃	니시나자오우 니시나오토메	탄소 (RIBF) 탄소 (RIBF)	2007 2009	화색 사계절개화
왕모람	KNOX	탄소 (TIARA)	2007	환경정화 (질소산화물)
삘기	하지메	네온 (RIBF)	2007	왜성
피	네바리코 2호	탄소 (RIBF)	2007	왜성
쓴메밀	오우단탕	헬륨 (TIARA)	2011	화색

RIBF : 이화학연구소 RI 빔 팩토리
TIARA : 일본원자력연구개발기구 타카자키양자응용연구소 이온 조사연구시설

르고 그 중에서 목적에 맞는 것을 찾아내는 작업이 필요하다. 돌연변이는 자식성 식물에서도 타식성 식물에서도 일으킬 수 있지만, 타식성 식물의 경우는 기존 계통이나 집단 속에서 이미 많은 유용한 유전 변이가 축적되어 있는 것이 많고, 열성 형질이 많은 돌연변이를 자가교배하여 선발하는 것이 어렵기 때문에 육종의 수단으로 사용되는 경우는 별로 없다. 따라서 돌연변이 육종은 현재 주로 자식성 식물과 영양 번식 식물의 개량을 위해 주로 사용되어지고 있다.

6.2 우량 돌연변이 계통의 선발

쌀이나 보리 등의 자식성 식물의 종자(배)에 돌연변이 유도를 하여 우량 돌연변이 계통을 선발하는 방법을 말한다. 돌연변이 유도 처리를 한 종자 속에 있는 배

(차세대 식물)의 성장점은 다세포 조직에서 목적하는 돌연변이가 일반적으로 그 중 몇몇 세포에서만 일어난다. 또한 돌연변이를 일으킨 세포의 목적 유전자 자리에서 2개의 대립 유전자(이배체의 경우) 중 돌연변이를 일으키는 것은 어느 한쪽이다. 따라서 처리한 종자(배)에서 성장한 돌연변이 개체(M 개체)는 몸의 일부만이 돌연변이를 일으킨 세포에서 발달한 조직 또는 기관으로 구성된 이른바 키메라 개체이다. 또한 돌연변이 유전자의 대부분은 원래의 유전자에 대해 열성이기 때문에, M 개체를 보고 그 개체가 목적으로 하는 돌연변이를 일으킨 세포로부터 구성된 조직과 기관을 몸의 일부로 가지고 있는지 판정할 수 없다. 따라서 M 개체에 대해서는 선발할 수 없다.

M 개체가 생성하는 이삭 또는 가지 중, 돌연변이를 일으킨 세포에서 발생한 이삭이나 가지에 붙어 있는 종자(배)는 자식성 식물의 경우 25%가 이 돌연변이 유전자에 대해 호모 접합 유전자 형태이며, 이 돌연변이 종자에서 성장한 개체(M 개체)는 돌연변이 개체로서 확인할 수 있다. 따라서 돌연변이 육종에서의 선발은

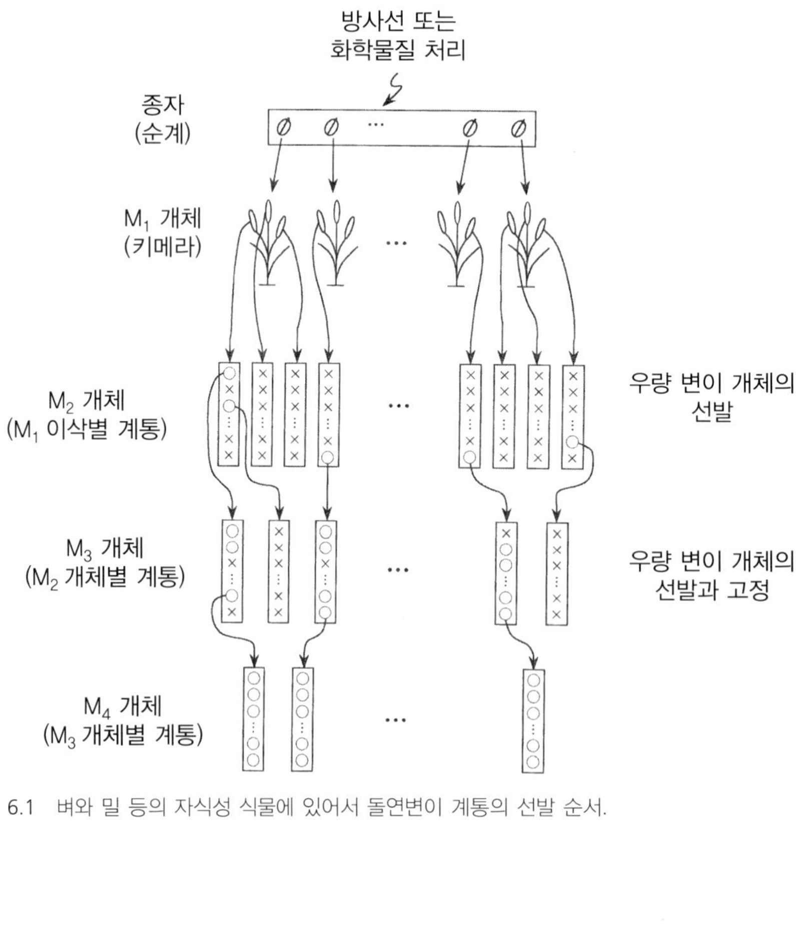

그림 6.1 벼와 밀 등의 자식성 식물에 있어서 돌연변이 계통의 선발 순서.

처리한 다음 세대인 M 세대에서 시작된다.

M 세대 이후의 선발 절차는 그림 6.1에 간략하게 나타낸 방법으로 실시한다. 돌연변이 유발 처리에서 발생하는 개별 돌연변이의 대부분은 하나의 유전자 자리에 의한 것이므로, M 세대보다 다음 세대에서 M 세대에서 보이지 않던 특징을 지닌 변이가 새로이 발생할 가능성은 낮다.

또한 돌연변이로 생기는 형질의 대부분은 원래의 형질에 대해 열성이기 때문에, M 세대에서 돌연변이 개체로서 선발된 유전자는 그 시점에서 이미 호모 접합되어 있는 경우가 많다. 염색체 수준의 돌연변이를 갖는 돌연변이 개체는 M 세대에서 기형이나 불임 개체로 출현하고, 그 후에 호모 접합화도 늦는 경우가 많아, 실용적인 가치를 지닌 형질을 얻을 수 있는 경우는 적다. 따라서 돌연변이 육종에서 선발의 성패가 M 세대로 거의 결정된다고 봐도 좋다.

유전자 수준의 변이와 염색체 수준의 변이는 돌연변이원 처리에 의한 돌연변이 개체의 출현 빈도는 낮고, 또한 출현한 돌연변이 개체 속에서 실용적으로 유용한 것들의 비율이 매우 작기에, 목적으로 하는 우량 변이 개체를 획득하려면 수천 ~ 수만 M 개체를 키울 필요가 있다.

6.3 돌연변이 육종에서 육성한 품종

1960년대 이후, 많은 작물에서 돌연변이에 의한 육종이 세계 각국에서 시도되었고, 지금까지 많은 새로운 품종이 탄생했다. 일본에서 돌연변이 육종의 첫 번째 성공 사례는 1961년에 보리에서 육성된 품종 早神力이고, 벼에서는 1966년에 육성된 수도(水稲) 품종 레이메이(レイメイ)이다. 전자는 원품종 赤神力보다 조생화시켜 생긴 품종이며, 후자는 원품종 후지미노리(フジミノリ)보다 줄기 길이를 짧게(단간화, 短稈化)하고, 다비 조건에서 재배해도 도복하지 않기 때문에 수량이 많아졌고, 이에 새로운 품종으로 인정 받은 것이다. 두 품종 모두 다른 형질에 대해서는 부모와 거의 다를 바가 없다. 이 밖에 주목 받은 예는 이들과 거의 동시에 새로운 품종으로 육성된 밀의 젠코우지밀(ゼンコウジコムギ) 및 대두의 라이덴(ライデン)과 라이코우(ライコウ)가 있으며, 이들 품종도 원품종보다 조생화 혹은 짧은 줄기로 육종함으로써 재배하기 쉽고 수확량도 많아졌다. 최근의 성과로서 쌀 품종인 고시히카리의 MNU 처리에 의해 찰기에 관련된 유전자(*Wx*)에 돌연변이가 일어나서, 아밀로스 함량이 낮아지고, 호화성(糊化性)이 크게 되어, 더욱 맛있어진 밀키퀸(ミルキークイーン)으로 육성되었다. 또한 한국에서는 한국원자력

수한 능력을 가진 것을 유망 계통으로 선발한다. 이러한 육종 방법은 원칙적으로는 목본 식물에서도 가능하지만, 실생(종자로부터 생긴 유식물)에서 능력 평가가 가능한 성숙한 나무까지 키우는 데 오랜 기간이 필요하기 때문에 육종 현장에서는 많이 사용되지는 않는다. 지금까지 육성된 과수와 꽃나무 등 목본 식물의 많은 품종은 자연적으로 발생하는 돌연변이 세포에서 발달한 아조 변이 또는 우연히 자란 실생 변이 개체 중에서 우연히 찾아낸 것이다.

이와 같은 방법으로 일단 우량 개체를 획득하고 소정의 절차를 거쳐 새로운 품종으로 인정되면, 이후 영양 번식으로 대량 증식시켜서 생산자의 재배지로 옮길 수 있다. 대량 증식에는 대부분 넓은 포장 시설과 많은 시간 및 노력이 필요하지만, 카네이션과 딸기 등은 생장점을 조직 배양으로 늘리면서 개체를 재생하는 방법(13.1절 b)을 통해서 비교적 작은 시설에서도 단시간에 대량의 어린 모종을 생산할 수 있는 시스템을 구축할 수 있다. 이 증식 시스템을 사용하면 생산 비용을 크게 절감할 수 있을 뿐만 아니라, 부모 개체가 바이러스 병에 걸려 있어도 조직배양에 의해 선발된 개체는 바이러스에 감염되지 않는다(바이러스 무병주, virus-free plant).

7.2 돌연변이 육종

종자 번식 식물은 이미 제6장에서 언급한 방법으로 종자에 돌연변이원을 처리하여 그 자손 중에서 우량 변이 개체를 선발한다. 하지만 영양 번식 식물은 부모 자체가 헤테로이면서 타식성인 경우가 많기 때문에, 후대에는 다양한 변이 형질이 분리하고 그 속에서 돌연변이 유전자에 대한 호모 접합의 개체(돌연변이 유전자의 대부분은 열성이기 때문에, 호모 접합하지 않으면 식별할 수 없다)를 찾는 것은 매우 어렵다.

영양 번식 식물에서 인공적으로 돌연변이 개체를 얻으려면, 일반적으로 새싹 또는 신초에 발달하는 생장점 조직에 방사선 등의 돌연변이원을 처리하여 돌연변이 세포를 유발하고, 이 세포에서 발달한 새싹 또는 신초에서 돌연변이 개체를 육성하는 방법을 사용한다. 이 방법을 통해서, 초본 식물에서는 괴경이나 괴근(감자와 고구마 등), 화훼(국화, 카네이션, 달리아, 베고니아 등), 특용 작물(골풀, 박하 등), 목본 식물(사과, 귤, 포도, 복숭아, 감 등의 과수와 삼나무, 노송 나무, 소나무 등의 임목)에서 유망한 돌연변이를 많이 얻을 수 있는데, 이러한 돌연변이 개체 중 실용 품종이 된 것도 적지 않다. 예를 들어, 배의 품종 중 하나인 “이

십세기"에 γ-선을 조사해서 얻은 검은 저항성을 가진 "골드 이십세기"가 육성되었다.

이 방법을 적용하는 데 문제가 되는 것은 목적하는 돌연변이가 대부분의 경우 생장점 조직을 구성하는 모든 세포 중에서도 1~2개의 세포에서만 일어나기 때문에, 다수의 세포로 구성되어 있는 생장점의 경우에서는 그 후의 생육 과정에서 변이 세포가 정상 세포를 이기지 못하고 퇴화해 버리는 경우도 있다. 또한 탈락하지 않는 경우에도 이 생장점에서 발달한 새싹 또는 신초는 몸의 일부만이 변이 세포로 이루어진 키메라로 발달하여 변이 개체를 육성하기 어렵다. 따라서 변이가 있는 새싹에서 변이 개체를 성장시키려면, 새싹이 완전한 아조변이, 즉 전체가 1개의 돌연변이 세포에서 발달한 것이어야 한다. 이러한 완전한 아조변이를 획득하기 위한 연구로는 휴면아와 부정아처럼 세포 수가 비교적 적은 성장 조직에 돌연변이원을 처리하는 방법, 또는 목본 식물의 경우 처리 후 신장된 신초를 적당한 부위에서 절단하는 방법이 있다. 하지만 이러한 방법을 사용해도 돌연변이체의 획득 비율은 그리 높지 않다.

칼럼 4 | 표현형 분석

컴퓨터의 소형화에 따라, 1990년 무렵부터 영상 해석법이 생물학에도 활발히 사용하게 되었고, 식물체의 형상 인식과 염색체의 식별 등에도 활용되어 왔다. 최근 이 기술을 응용해서 식물체의 모양(Phenotype: 표현형)을 대량으로 인식하고, 서버에 저장한 후 다시 분석하여 새로운 매개변수를 만들어내는 표현형 분석이 이루어지고 있다. 이러한 대량의 표현형 분석을 게놈 분석, 프로테옴 분석 등과 비교하여 표현형 분석으로 부르는 경우도 있다.

그 방법은 가시광선(색상), 근적 외광(수분), 적외선(온도), 형광(형광, 발광) 등을 감지하는 카메라에 의해, 여러 식물체, 개체, 식물체의 일부를 촬영한 후 이미지를 분석해서, 엽면적, 잎의 각도 등 기본 매개변수뿐만 아니라 변색된 감염 부위의 식별, 전체 엽면적 등 이차 매개변수의 제작을 실시한다. 예를 들어, 여러 종류의 카메라 이미지를 결합하여 가시광선에 의한 잎의 변색 부위와 그 부분의 온도, 엽록소 함량 등을 추정하면, 변색에 의해 일어나고 있는 현상을 추정할 수 있다. 또한 장치에 여러 대의 카메라를 설치해서 이미지를 입체적으로 분석할 수 있는 장치도 있다. 대규모 장치에서는 온실 등의 제어 환경하에서 측정 개체

칼럼 4 | 표현형 분석 (계속)

를 화분에서 재배하여, 컨베이어 벨트에 올려 놓고서 관수와 측정을 자동화하는 시스템도 있다.

또한 이미지를 서버에 대량으로 저장한 후 정해진 시간에 측정된 데이터를 취득해서, 생육 속도와 스트레스로 인한 영향 정도 등을 통합한 매개변수를 설정하거나, 분리 집단을 모두 분석해서 지금까지 측정하기 어려웠던 새로운 매개변수의 유전 분석 및 육종으로의 응용도 시도되고 있다.

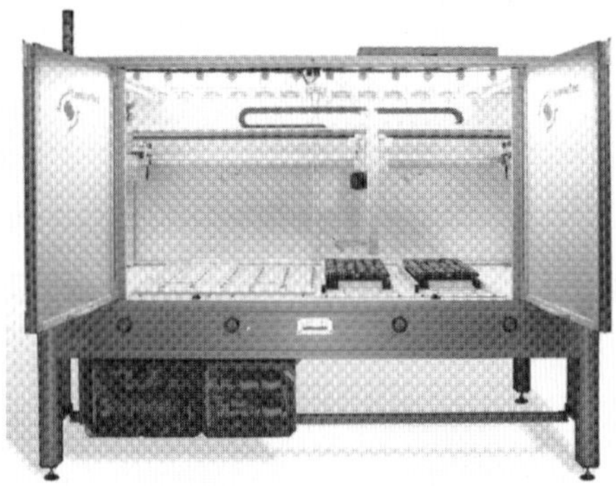

그림 7.1 복수의 소형 식물체를 분석하는 표현형 분석 장치(lemnatec사의 웹사이트).

08장 DNA 마커를 이용한 육종

마커(표지, Marker)는 품종이나 개체를 식별할 수 있는 유전적 형질을 나타내며, 실제로 예로부터 작물의 품종을 관리하는 데 이용되어 왔다. 예를 들어, 보리의 찰기를 갖는 재래품종은 보라색 입자를 마커로 하여 일반 품종과 구별해 왔다. 한편, 분자생물학적 기술이 진행되면서 최근에는 품종 간 DNA 서열의 차이를 이용한 DNA 마커가 사용되게 되있다.

DNA 마커는 기존의 육종 속에서 형질을 대체할 유효한 선발 수단으로 사용할 수 있다. 즉, 식물체에서 그 형질이 나타나 있는지에 관계없이 또는 형질의 유전자가 확인되지 않고도 그 형질과 강하게 연관되어 있는 DNA 마커가 있으면 식물체가 가진 형질을 재배하지 않고도 미리 판정할 수 있다. 예를 들어, 특정 병원균에 대한 식물의 저항성 여부는 병원균을 접종하여 그 식물체의 병해에 대한 반응을 보고 판단할 수 밖에 없었다. 이 경우 만약 그 병해에 저항성 유전자에 강하게 연관한 DNA 마커가 있으면, 씨앗이나 어린 모종 단계에서 DNA를 추출하고, 병저항성 DNA 마커를 이용하여 유전자형 확인만으로도 저항성 여부를 판단할 수 있다. 이와 같은 DNA 마커에 의해 육종의 대상이 되는 형질을 선발하는 기술은 분자표지이용선발(marker-assisted selection, MAS)라고 불리고 있으며, 분자생물학적 정보를 육종에 이용하는 데 가장 실용적인 방법의 하나이다.

이 기술은 다년생 식물의 목본과 과실의 품질 등 형질이 나타나는데까지 오랜 시간이 걸리는 것에서 특히 큰 위력을 발휘한다. 또한, 품종과 개체의 확실한 식별, 동정법으로서도 DNA 마커가 사용 되고 있다.

8.1 DNA 마커의 종류와 특징

DNA 마커에는 RFLP(Restriction fragment length polymorphism), CAPS (Cleaved amplified polymorphic sequence, 뒤에 언급할 PCR법에 의해 증폭

한 DNA의 RFLP), AFLP(Amplified Fragment Length Polymorphism, 증폭단편길이 다형성), RAPD(Random amplification of polymorphic DNA, 무작위 증폭 다형성 DNA), SSR(Simple sequence repeat), SINE(Short interspersed nuclear element), SNP(Single nucleotide polymorphisms, 단일 염기 다형성) 등 매우 다양한 것이 사용 되고 있으며, 목적에 따라 구분되어 이용되고 있다. DNA 마커는 대립 유전자의 한쪽만을 감지하는 우성 마커와 쌍방을 검출 할 수 있는 공우성 마커가 있다. 예를 들어, AFLP와 RAPD은 기본적으로 우성 마커이며, 그 밖의 많은 것은 공우성 마커이다. 공우성 마커는 헤테로 접합체 여부를 판단 할 수 있기 때문에, 우성 마커보다 유전적인 정보를 많이 얻을 수 있다.

RFLP 마커는 제한 효소로 절단한 DNA 단편의 길이가 비교하는 재료 간에 다른 경우, 그 길이의 차이를 두 재료의 DNA 마커로 하는 것이다. 길이가 다른 DNA 단편을 전기 영동하면, 짧을수록 영동이 빨라진다. 다른 재료를 각각 제한 효소로 절단하여 전기 영동하면, 같은 검출용의 DNA(프로브)가 아가로스 겔에 전개된 다른 위치에 분자 교잡하는 경우가 있다. 이처럼 DNA 단편 길이가 다형성을 보이면 DNA 마커로 사용할 수 있다. RFLP는 비교적 많은 DNA를 필요로 하지만, DNA 서열이 명확하지 않아도 해석할 수 있기 때문에, 1980년대부터 널리 사용되었다.

그 밖의 DNA 마커는 1990년대부터 사용 되기 시작한 중합효소연쇄반응(PCR)법을 사용하고 있다(15.1절 c). 이 방법에서는 게놈의 특정 영역의 서열을 사용한 2 종류의 합성 DNA(프라이머)를 사용하여 해당 영역의 DNA를 단시간에 대량으로 증폭한다. 증폭 부분의 DNA 서열이 품종간에 다르면 적당한 검출 방법으로 DNA 마커로 사용할 수 있다.

CAPS 마커는 PCR 법으로 특정 영역의 DNA 서열을 증폭한 후 제한 효소로 절단하여 전기 영동하고, 재료 간의 DNA 단편의 크기에 다형성을 보인 경우에 DNA 마커로 하는 것이므로 PCR-RFLP이라고도 불린다. 예를 들어, 증폭된 DNA 서열에 제한 효소의 절단 부위가 있는 개체는 분리된 2 개의 짧은 단편이 되는데, 그 절단 부위에 돌연변이가 들어간 개체는 1 개의 긴 조각이 된다. RFLP와 다르게 프라이머를 설계하기 위해 DNA 서열 정보가 필요하지만, PCR 법을 사용하기 때문에 소량의 DNA에서 검출할 수 있다.

AFLP 마커도 CAPS와 같이, 제한 효소에 의한 절단과 PCR법을 함께 사용한 마커이다. 게놈 DNA를 제한 효소로 처리하여 기존의 DNA 서열을 갖는 어댑터를 분리 사이트에 결합시킨다. 어댑터 서열에 다수의 염기를 부가한 프라이머를 사용하여 PCR 법을 실시하면 그 염기를 갖는 다수의 산물이 증폭된다. 그들을 전기 영동으로 분석하여 PCR 산물 중에서 재료에 의해 산물의 유무가 확인할 수 있는 것을 찾아 마커로 한다. 서열 정보와 프로브를 필요로 하지 않고 한 번에 다수의 마커를 얻기 쉽다. DNA-sequence등의 장치를 사용하면 반자동화한 분석이 가능하다.

RAPD 마커는 10염기(10 mer) 정도의 짧은 1 종류의 프라이머만을 사용한 PCR법을 실시하여 얻을 수 있는 마커이다. 1 종류의 프라이머는 일반적으로 PCR법에 의해 DNA를 증폭할 수 없지만, 짧은 프라이머의 경우는 게놈 DNA 중에서 멀지 않은 위치에 프라이머와 상보적인 DNA 서열이 역방향으로 존재하는 경우가 있기 때문에, 그 프라이머 사이에 위치한 여러 DNA 영역이 합성, 증폭된다. 얻어진 DNA를 전기 영동하여 재료에 의해 산물의 유무를 표시한다. 식물 DNA의 품질 결과가 좌우되기 쉽고 재현성이 나쁜 것이 결점이다. 데이터 분석에는 충분한 주의가 필요하지만, 배열 정보와 프로브를 필요로 하지 않고 조작이 간편하다.

SSR 마커는 2~6 염기 정도를 단위로 하는 반복 배열(Microsatellite, 극소부수체)를 이용하는 마커이다. SSR 마커는 세대를 거듭할 수록 반복 수가 변화하기 쉽다. SSR 마커를 사이에 두고 양쪽에 primer를 설계하여 PCR을 실시하면, 반복 횟수의 차이가 증폭되는 DNA의 길이로 나타난다. 재료간에 그 길이에 차이가 있을 경우, DNA 마커로 이용할 수 있다. DNA 염기서열 정보가 미리 필요하지만, 다형성을 제공하기 쉽고, 또한 신뢰할 수 있는 우수한 마커이다.

SINE 마커는 100~500 염기 정도의 산재형 반복 배열(SINE)의 존재 유무를 이용하는 마커이다. SINE는 움직이는 유전자들 중 하나인 레트로포존이기 때문에 동일한 유전자 자리에서도 계통에 의해 존재하는 경우와 존재 하지 않는 경우가 있다. SINE을 사이에 두고 양쪽에 primer를 설계하여 PCR을 실시하는 것으로, 그 산물의 길이에서 SINE의 유무를 확인하고 차이가 있다면 마커로 이용할 수 있다. SINE 식별이 미리 필요하지만, SINE는 일단 삽입하면 벗어날 수 없기 때문에, SSR보다 안정적인 마커이다.

SNP 마커는 염기서열 중 1 염기의 차이에 의한 다양성을 찾아 나타내는 마커이며, 근친 재료 사이에서도 높은 빈도로 다형성을 제공한다. SNP는 최소한 두 개체의 게놈 DNA 서열에서 데이터베이스 검색 및 PCR 산물의 시퀀스 등으로 탐색하고 식별한다. 그들을 동정한 SNP를 다른 개체로 검출하기 위해 PCR를 사용하는 방법과 비드 어레이(bead array)를 사용하는 방법 등 다양한 분석 방법이 개발되어 있기 때문에 분석량에 따라 적절한 방법을 선택할 필요가 있다. 비드 어레이(bead array)를 사용하는 방법은 특히 대량의 SNP 마커의 분석에 적합하다.

이상의 마커 중에서 같은 서열이 게놈 속의 다른 장소에는 존재하지 않는 서열을 검출할 수 있는 마커를 STS(Sequence-tagged sites) 마커라고 하며, 다음에 설명할 연관 지도 작성에서는 이용 가치가 높다. 단일 염기서열만을 식별할 수 있다면 어떠한 DNA 마커에서도 STS 마커로 사용할 수 있지만, 특히 CAPS, SSR, SNP 등은 STS 마커로 사용되는 경우가 많다.

8.2 DNA 마커에 의한 연관 지도의 제작

DNA 마커가 염색체 위에 위치하게 되면, 목적으로 하는 형질 또는 뒤에 설명할 분리를 목적으로 하는 유전자는 많든 적든 간에, 어느 DNA 마커와 연관하게 된다. 따라서 게놈 전체에 걸쳐서 상세한 DNA 마커의 분포지도를 만들어내는 것이 형질이나 유전자 분석에 있어서 중요하다. 따라서 수많은 식물에서 이와 같은 지도가 제작되고 있다. 그림 8.1은 연관 지도 중 하나인 보리의 DNA 마커 지도이다. 여기에는 약 3000개의 DNA 마커가 7개의 염색체에 위치하고 있으며, 그 DNA 마커의 각각은 다른 유전자 서열에서 유래한 STS 마커이다. 또한, 이 지도는 인터넷 상에 공개되어 있으며, 마커 정보와 다른 연관 지도와의 비교 정보 등의 정보를 찾아볼 수가 있다.

DNA 마커에 의한 연관 지도를 제작하는 경우에는 1.5절에 나타낸 바와 같은 연관 지도 제작 기술을 다수의 마커에 대해 동시에 시행할 필요가 있다. 이때, 헤테로 접합의 판정이 가능한 공우성 마커를 이용하면 연관의 검출 정밀도가 향상되어, 보다 정밀한 지도가 제작할 수 있다. 무차별로 다수의 마커 간의 연관을 분석하기 위해 컴퓨터에 의한 계산이 필요하며, 따라서 MAPMAKER 및 MAPL 등의 분석용 소프트웨어가 개발되고 사용 되어 왔다. 이 소프트웨어의 분석 절차는 ① 각 마커의 분리 비율을 멘델의 법칙으로의 적합도 통계적(x^2) 검정, ② 개별 마커 조합의 연관 탐지, ③ 마커를 각 연관군으로 분류, ④ 각 연관군 내의 마커 순서 결정, ⑤ 알려진 연관군(염색체 번호)과의 일치시키기 등이다. ②에서 마커의 분리 양식이 우성 또는 공우성의 어느 한쪽에만 있다면, x^2 검정에 의해 개별 마커 조합의 연관 강도를 비교하는 것이 가능하다. 그러나 분리 양식이 다른 마커가 혼합되어 있는 경우에는 연관의 유의성 판정에 LOD(logarism of odds) 수치(log 값으로 나타내며, 수치가 2 다르면 100배 차

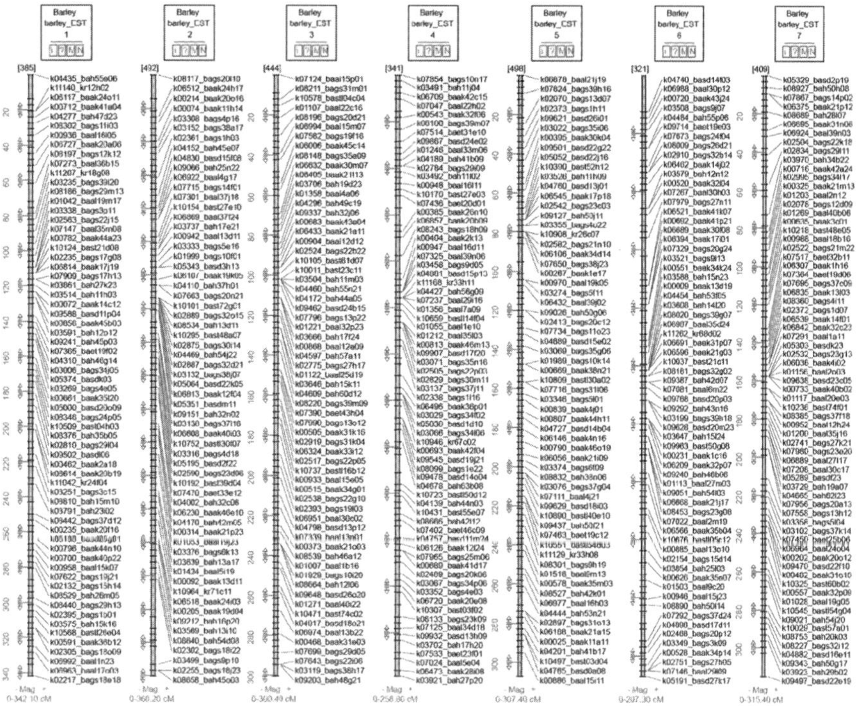

그림 8.1 약 3000개의 유전자 서열로부터 제작한 DNA 마커에 의한 보리의 연관 지도. Barley DB의 웹사이트 인용.

이나는 것) 등과 같은 더욱 유연하게 연관을 평가할 수 있는 지표를 사용한다. 또한 연관 강도를 나타내는 마커 사이의 거리(지도 거리. 1.5절 b 참조)는 부모의 조합이나 지도 제작에 사용하는 세대 등에 이해 차이가 있는 경우가 많다. 따라서 연관 지도의 제작에서 가장 중요한 것은 연관군 내에서의 마커의 순서를 결정하는 것이다.

8.3 양적 유전 모델과 양적 유전자 자리(QTL)의 맵핑

육종에서 선발의 대상이 되는 형질은 여러 유전자가 관여된 복잡한 유전을 하는 경우가 많다. 종자의 색깔과 털의 유무 등 유전자 1~3개 정도가 발현에 관여하는 형질을 질적 형질이라고 한다. 이에 반해, 수량, 이삭의 수, 줄기 길이 등 유전자 3개 이상이 관여하여 형질이 나타나는 경우를 양적 형질이라고 한다. 양적 형질의 분석에는 통계유전학적 방법이 사용된다. 양적 형질을 수학적으로 표현하기 위해 유전 모델이 필요하며, 일반적으로 표현형 값 = 유전 효과 + 환경 효과로 표현된다. 양적 형질의 유전 효과는 동일 유전자 자리의 상가 효과와 우성 효과, 다른 유전자 자리의 비대립유전자 간의 상호 작용으로 분할할 수 있다. 상가 효과는 특정 유전자 자리에서 2종의 호모 접합체의 유전자형 값의 차이의 절반이 된다. 우성 효과는 헤테로 접합체의 유전자형 값과 2 종의 호모 접합체의 평균 값의 차로 표현된다.

양적 형질의 표현형 값에 포함된 유전 효과의 비율이 높을수록 그 형질은 유전적이다. 반대로 환경 효과의 비율이 높으면 표현형에 따라 선발하여도 그 효과는 적다. 육종은 표현형 값에 포함 된 유전 효과의 비율이 중요하다. 특히 호모 접합체로서 이용되는 자식성 작물에 대해서는 유전 효과 전체가 아닌 상가 효과에 따른 유전 효과의 비율이 문제가 된다. 이 유전성의 크기는 유전 비율로 나타낼 수 있으며, 넓은 의미(광의)의 유전 비율은 표현형 분산에 대한 유전 분산의 비율을 나타내고 좁은 의미(협의)의 유전 비율은 표현형 분산에 대한 상가 분산의 비율을 나타낸다.

DNA 마커에 의한 연관 지도에 식물의 형질을 얹는 유전 분석이 진행되는 과정에서 기존의 통계 유전학에서는 작용력이 작은 다수 유전자(polygene)에 의해 지배되고 있다고 간주된 형질의 실태가 점차 분명해지고 있었다. 예를 들어, 벼의 출수기나 줄기에 관계하는 유전자가 게놈 중 1개가 아니라 여러 개의 영역을 차지하는 것이 명확하게 되었다. 출수기와 같은 복잡한 형질에서는 복수의 유전 영역이 각각 출수기를 앞당기는 방향과 미루는 방향으로 다른 정도로 작용하고 그 결과로 출수기가 결정되는 것으로 생각된다. 이러한 유전자 영역의 각각에는 양적 형질에 대응하는 양적 유전자 자리(quantitative trait locus : QTL)가 존재하는 것으로 예상된다. 양적 유전자 자리는 벼의 출수기의 예와 같이 하나의 형질에 대하여 게놈 중에 여러 개의 유전자가 관여하는 경우가 많다.

DNA 마커에 의한 연관 지도는 멘델의 법칙에 따라 간단한 분리를 하는 마커에 의해 제작하지만, QTL은 분리가 명확하지 않고, 형질의 측정값을 마커로서 사용할 수 없다. 그래서 DNA 마커와 양적 유전자 자리의 연관을 계산한다. 즉, 염색체상의 QTL의 위치를 추정하기 위해 2 개의 마커 사이에 위치하는 QTL을 상정하고 QTL을 유전 지도에서 일정한 거리를 엇갈리게 하여 상가 효과와 우성 효과를 계산하고 가장 정확한 위치를 결정한다. 구간 매핑(구간 분석, interval analysis)이라고 불리는 이 방법은 MAPMAKER / QTL이라는 소프트웨어에서 처음으로 사용되었다. 이 방법은 위의 LOD 수치를 연관 지도에 곡선으로 표시

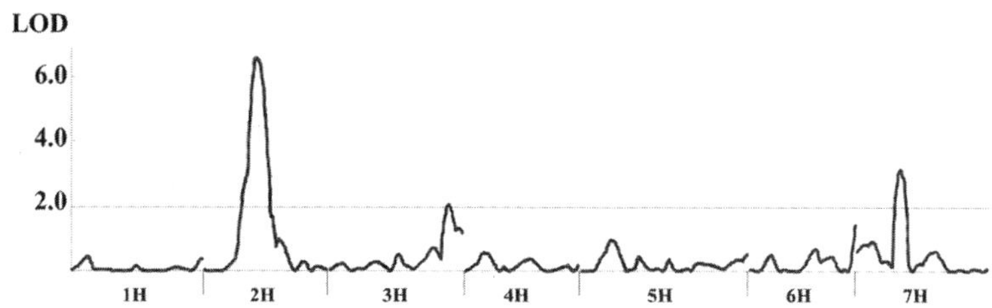

그림 8.2 보리 간장 (줄기)의 LOD 수치.
이 데이터에서는 LOD수치 2.0을 넘으면 QTL이 있는 것으로 판단되기 때문에, 염색체 2H, 3H 및 7H에 QTL이 인정된다.

하고 QTL의 위치를 추정한다(그림 8.2). 현재는 QTL의 위치가 더욱 정밀하게 분석할 수 있는 기술 및 소프트웨어도 개발되고 있다. 한편, QTL의 추정에 사용하는 연관 지도에 잘못이 있는 경우는 QTL도 본래와는 다른 위치에 추정되므로 주의가 필요하다.

이와 같은 분석 방법이 개발됨으로써 DNA 마커와 양적 유전자 자리의 연관을 추정하는 것이 가능해졌을 뿐만 아니라 기존의 통계유전학적 방법으로 분석된 양적 형질의 표현형 값에 포함된 유전 효과를 개별 QTL로 분할하여 각각 추정할 수 있게 되었기 때문이다. DNA 마커를 이용하여 분석한 결과, 벼의 출수기에 관여하는 유전자(*Hd1*) 등 많은 중요한 유전자가 동정 및 분리되고 있다.

8.4 물리 지도를 이용한 DNA 마커 제작

유전자 지도는 교차에 따라 지도 거리를 계산하기 때문에, 교차가 일어나기 힘든 염색체의 동원체 부분에서는 유전적인 지도 거리에 대한 물리적 거리가 작아지고, 말단 부분에서는 커진다. 그 결과, 물리적으로 같은 거리에 있는 2개의 유전자가 동원체 근처에 위치하면 유전적으로 가깝게 되고, 말단 부분에 있으면 멀어지게 된다(그림 8.3). 물리적인 거리에 따른 물리 지도는 게놈의 염기서열 정보와 염색체에 직접 식별된 DNA 마커에 의한 지도 등이 있으며, 물리 지도를 이용하여 DNA 마커를 제작할 수도 있다. 벼 등에서 게놈 서열을 이용하여 DNA 마커를 제작하는 경우, 게놈에서 일정 수의 염기마다 DNA 마커를 제작할 수 있지만, 이러한 DNA 마커를 사용하여 육종에서 선발을 하는 경우 말단 부분의 유전자 밀도가 낮아지므로 주의가 필요하다.

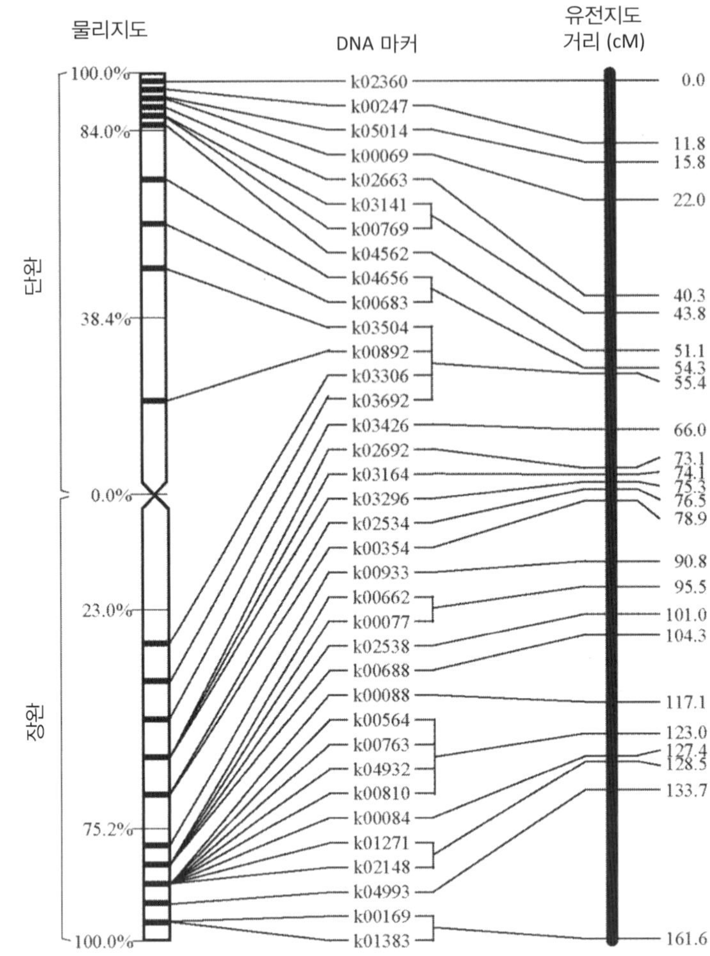

그림 8.3 보리 3H 염색체의 물리지도(왼쪽)와 유전지도(오른쪽).

8.5 유전자 분리(클로닝)

어느 형질을 지배하는 유전자의 염기서열을 확인하여 분리하는 것을 유전자 분리라고 하며, 유전자 증폭 및 유전자의 형질전환을 통해 형질을 전환시킬수 있다(15.2절). 유전자를 통해 분자생물학적 분석을 통해 그 유전자가 가지는 기능을 명확하게 할 수 있으며, 그 기능에 관계되는 염기서열을 구별하는 DNA 마커로서 형질을 직접 선발할 수 있게 된다. 표 8.1은 보리의 농업적으로 중요한 형질에 대해 분리된 유전자들을 정리한 것이다. 유전자를 분리할 때, 다른 생물 종에서 이미 분리된 유전자 서열과의 게놈 비교에 의한 방법을 사용하기도 하고, 대규모 교배 집단을 이용한 유전자 지도에서 특정 형질을 선발하여 목적 유전자를 분리하는 map based cloning 방법을 사용하기도 한다(15.2절 c). 특히 후자는 형질의 유전적 분리에 의해 유전자에 해당하는 게놈 서열을 한정시키기 때문에, 다른 생물종의 유전자 정보가 없어도 중요한 형질에 관여하는 유전자를 분리하는 것이 가능하다. 또한 QTL의 분리도 같은 방법으로 가능하지만, 하나의 형질에 여러 QTL이 관여하는 경우가 많기 때문에, 여교잡 등을 사용하여 목적으로 하는 QTL 만이 분리하는 집단을 제작해야 할 필요가 있다. 또한 QTL은 개별 작용이 작기 때문에 유전자가 가지는 기능의 증명이 어려운 경우가 많다.

8.6 게놈 정보를 이용한 마커 개발

DNA 마커를 개발하기 위해서는 목적으로 하는 게놈의 염기서열에 품종간 차이(다형성)가 필요하기 때문에, 부모 각각의 게놈 배열 정보가 있는 것이 바람직하다. 따라서 게놈 서열이 결정된 벼 등에서는 계속 여러 품종의 게놈 서열 분석을 실시하고 있다. 게놈 정보를 이용할 수 있다면, 앞서 설명한 SSR과 SNP 등의 고효율인 DNA 마커를 자유롭게 개발할 수 있으며, 비드어레이(bead array) 등의 장비를 사용하면 수만개의 SNP 마커를 한 번에 검색할 수 있다.

게놈 서열이 분석되지 않았어도 유전자의 전사산물의 서열을 해독하는 cDNA(15.1절 b)에 의해 마커가 제작 될 수 있다. 예를 들어, 보리의 경우에는 여러 품종에서 cDNA 서열 분석이 진행되고 있기 때문에, 품종 간 다형성을 쉽게 얻을 수 있게 되어 고효율의 DNA 마커에 의해 연관 지도가 만들어지고 있다(그림 8.1).

8.7 계통 · 품종의 식별과 관리

a. 유전 자원 계통의 관리

유전 자원 계통을 증식 재배할 때 주요 특성을 조사하고 식별하지만, 형질이 동일한 계통은 구별할 수 없다. 이 경우, 계통을 판별할수 DNA 마커를 가지고 있으면, 형질 데이터와 함께 사용함으로써 계통을 효율적으로 확인할 수 있다. 또한, 이러한 정보가 공개되어 있으면, 이용자에게 배부된 계통이 목적으로 하는 계통인지에 대한 여부를 확인할 수 있다. 또한 보존하고 있는 계통에 다른 계통이 교잡하여 잡종이 된 듯한 의심되는 경우에는 헤테로 접합을 검출 할 수 있는 공우성의 SSR과 SNP 등의 DNA 마커를 이용하여 유전자형을 검사하고 검사하는 개체의 마커가 공우성을 나타내고 있으면, 잡종일 가능성이 높다. 이러한 유전 자원 계통의 관리는 자식성 식물에서 특히 효과적이다. 타식성 식물의 경우에는 헤테로 접합의 유전자 자리가 많기 때문에, 유전 자원 계통의 관리는 더욱 복잡해진다.

유전 자원 저장 시설에서 저장하는 계통에서 핵심 컬렉션(4.5절)과 같이 일정한 개수의 대표적인 계통을 선발할 수 있다. 이 경우, 연관 관계가 없는 여러 DNA 마커의 다형성을 최대한 포함하면 유전 변이를 많이 포함한 계통을 효율적으로 선택할 수 있다. 이처럼 DNA 마커는 유전 자원 계통의 다양성의 기준으로도 사용된다.

b. 품종의 식별 · 분류

육종 소재처럼 많은 품종을 관리해야 하는 경우에도 DNA 마커에 의한 품종의 식별 · 동정이 효과적이다. 예를 들어, 보리의 SSR 마커(그림 8.4)에서는 하나의 마커로 10개 이상의 다형성(유전자형)을 식별 할 수 있다. 이 경우, 품종의 유전자형에 치우침이 없다면, 3개의 마커에서 최대 10 × 10 × 10 = 1000종류의 품종을 식별 할 수 있게 된다. 따라서 상대적으로 적은 수의 마커를 조합하면, 이른바 지문 분석에 의해 다수의 품종을 효율적으로 관리 할 수 있다. 또한 여러 샘플에 대해서 대량의 마커를 식별 할 수 있는 비드 어레이(bead array)(그림 8.5)에서는 효율적으로 DNA 지문 분석을 할 수 있다. 그러나 분석 비용에 큰 차이가 있기 때문에, 목적에 따라 사용할 마커의 종류를 구분할 필요가 있다.

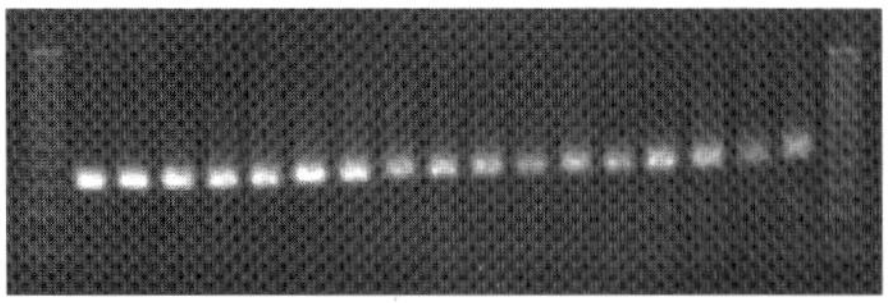

그림 8.4 SSR 마커로 증폭한 보리 품종의 PCR 산물의 분자량의 변이.
양쪽 말단은 DNA의 분자량을 추정하기 위한 마커로서, 그 밖은 각 보리 품종의 산물을 나타낸다.

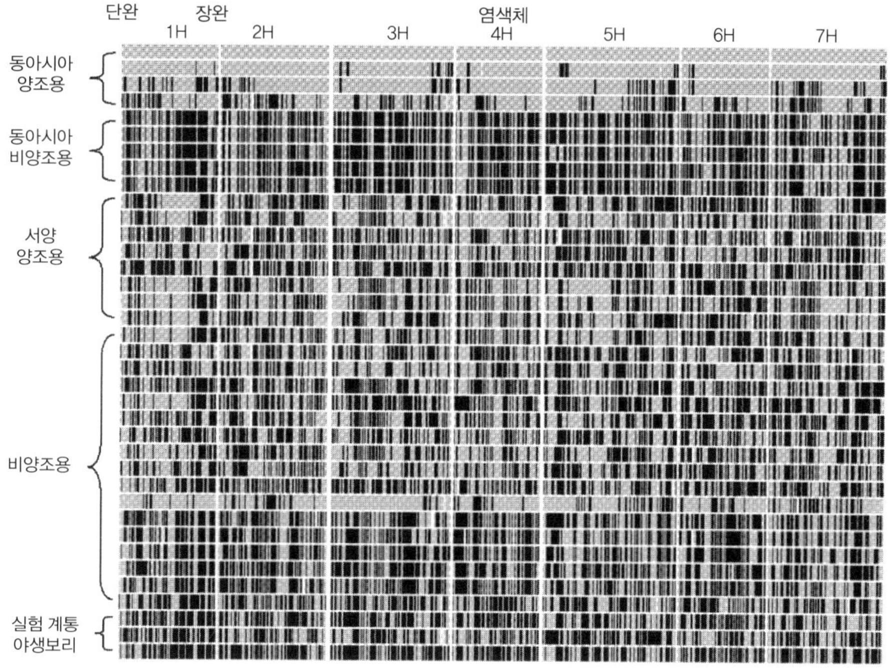

그림 8.5 1536개의 DNA마커로부터 비드어레이를 사용한 보리 계통의 유전자형.
유전자형은 최상단의 [품종 : 하루나니조] (회색)와 다른 경우에는 검은색으로 표시하였다.

8.8 선발의 효율화

a. 교잡 육종

교잡 육종에서 DNA 마커를 활용하는 경우는 병충해 저항성이나 장해 저항성, 대량의 분석 시료를 필요로 하는 가공 품질 등 검정이 어려운 형질의 선발에 특히 효과적이다. 병해 및 충해는 매년 발생하는 것은 아니며, 가공 품질은 검정에 경비가 소요될 뿐만 아니라 대량의 시료를 준비하는 데 많은 시간과 경비가 필요로 하기도 한다. 이러한 형질은 유전 정보가 없는 경우가 많기 때문에, 일반적으로 양적 유전자 자리의 유전 분석(8.3절)에 의해 유전자 자리와 연관하는 DNA 마커를 찾아낸다. 그때, 그림 8.5과 같이 부모의 DNA 마커의 다형성을 조사하고 있으면, 육종 분리 세대에도 공통 DNA 마커를 사용할 수 있다. 또한 이러한 DNA 마커에 의한 유전 지도는 이미 제작되어 있기 때문에 형질을 유전 지도와 비교해서 사용할 수도 있다.

나의 형질 발현에 여러 유전자가 관여하는 경우는 일반적인 방법으로 여교잡을 할 수 없다. 예를 들어, 질병에 대한 저항력을 향상시키기 위해 일부 저항성 유전자를 모두 겸비해야 하는 경우는 잡종 개체의 저항을 판정하여 저항성 유전자를 모두 포함한 여교잡을 실시하는 것은 어렵다. 그러나 DNA 마커를 이용하면 저항성 유전자 모두에 대해 헤테로 접합되어 있는 개체를 골라 여교잡을 할 수 있다.

여교잡에서 사용되는 DNA 마커는 목적으로 하는 형질과의 연관이 강할수록 효율적으로 형질을 도입할 수 있다. 이 경우, 유전자를 끼워 넣는 형태로 염색체의 양쪽에 DNA 마커를 얻을 수 있으면, 더욱 확실하게 여교잡을 할 수 있다. 또한 목적으로 하는 유전자 서열의 일부, 특히 형질의 돌연변이에 해당하는 염기서열로부터 제작한 DNA 마커는 분리하는 형질을 직접 선택할 수 있으므로 여교잡의 효율이 높다.

그림 8.7은 야생 보리에 재배 보리를 여교잡한 염색체 치환 영역을 비드 어레이(bead array)에서 동정한 것이다. 야생 보리는 성숙하면 탈립하여 수확할 수 없게 되므로, 수량 및 종자의 품질 등의 특성 데이터는 지금까지 거의 제공되지 않았다. 게놈의 대부분이 재배 보리에 여교잡 된 이러한 치환 계통을 사용하면 야생 보리 속에 존재하는 미지의 우수한 특성을 재배 보리에 도입할 수 있다.

같은 방법을 사용하여, 산성 토양 내성의 주요 요인인 알루미늄 내성의 계통을 육성한 예를 살펴보자. 알루미늄에 대한 내성 유전자는 이미 분리되어 있지만(표 8.1), 국내에서는 보리에 이러한 내성 유전자를 도입한 품종을 직접 포장에 심어서 이용하는 것은 법률적으로 제한되어 있다. 그래서 내성 유전자를 분리한 품종을 이용하여 실용성 높은 품종과 여교잡한 재조합 치환 계통을 선발하고, DNA 마커에 의해 목적 유전자의 주변 영역만이 도입된 실용 계통을 선발하였다(그림 8.8). 내성 유전자를 분리한 품종은 일본의 오래된 재래품종으로 그 상태로는 가공 품질과 재배 적성이 떨어진다. 그러나 재조합 치환 계통은 내성 유전자 이외는 실용 품종과 거의 동일한 특성을 나타내므로 분리 유전자를 즉시 활용할 수 있다.

d. 잡종 강세 육종

잡종 강세에 관여하는 유전자가 무엇인지에 대해서는 옥수수 등 타식성 식물의 유전자 분석에서 가장 중요한 연구 테마 중 하나이지만, 현재까지 잡종 강세를 지배하는 유전자에 대해서는 알려져 있지 않다. 그러나 DNA 마커를 사용하면 헤테로 접합의 유전자형 선발이 가능하기 때문에, 헤테로 접합성이 높은 품종을 육성하는 것은 가능하다.

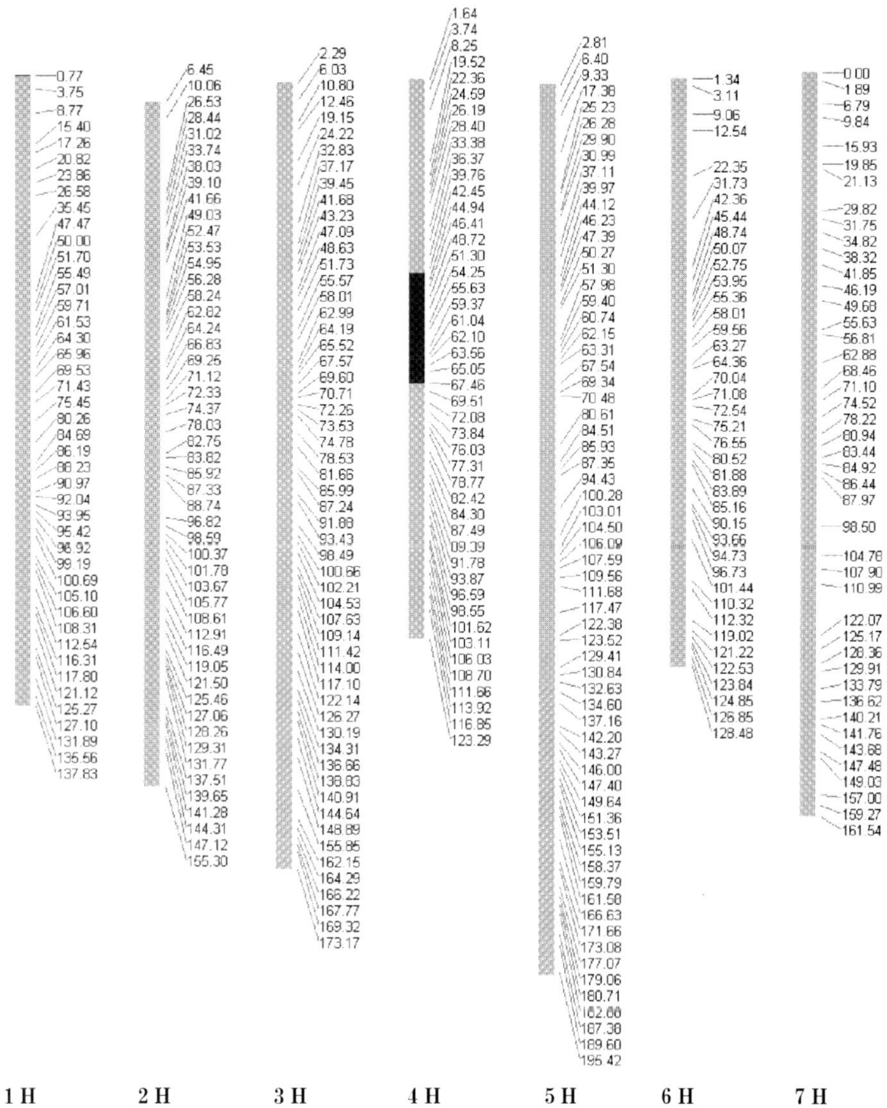

그림 8.8 검은색 부분에 알루미늄 내성을 갖고 있는 염색체 치환 계통의 게놈 유전자형. 숫자는 지도거리(cM)을 나타낸다.

칼럼 5 | 관련 분석과 genome-wide marker에 의한 선발 예측

특성 정보가 있는 다수의 품종에 대한 DNA 마커의 다형성을 조사하면 특성의 측정값과 마커의 다형성이 관련되어 있다. 이러한 경우, 이 마커의 옆에 특성에 관한 유전자가 존재할 가능성이 있다. 이 관련 분석은 교배를 반복해도 유전자에 가까운 염색체 부분에서는 교차가 일어나기 어렵고, 차세대에서도 마커와 형질의 유전자가 함께 유전하는 것, 즉 연관을 이용하고 있다.

이러한 분석의 기초가 되고 있는 것은 집단 유전학의 이론이다. 하디-바인베르크의 법칙에서 어느 유전자 자리의 두 대립 유전자 A와 a에 대해 집단 내의 빈도를 각각 p, $q(p + q = 1)$로 할 때, 무작위 교배에서는 3종류의 유전자형 AA, aa, aa의 빈도는 p^2, $2pq$, q^2가 된다. 이 때 차세대 유전자형 빈도는 $p^2AA + 2pqAa + q^2aa$으로 주어진다. 따라서 무작위 교배에서는 세대가 바뀌어도 유전자형 빈도는 변하지 않는다. 이와 같은 유전자 자리를 하디-바인베르크의 평형에 있다고 한다.

또한 2개의 유전자 자리 A와 B에 대한 배우자의 유전자형 AB, Ab, aB, ab의 빈도를 r, s, t, u라고 하면 유전자 자리 A에서 대립 유전자 A의 빈도 v는 $r + s$, 유전자 자리 B에서의 대립 유전자 B의 빈도 w는 $r + t$가 되어 유전자형 AB의 빈도는 vw으로 나타낼 수 있다. 마찬가지로 유전자형 Ab, aB, ab의 빈도는 $v(1 - w)$, $(1 - v)w$, $(1 - v)(1 - w)$가 되고, 이때 2개의 유전자자리는 연관 평형에 있다고 한다. 그런데 2 개의 유전자 자리의 사이에 연관이 있는 경우, 평형에서의 차이가 나오므로 D라는 연관 불평형 매개변수를 도입한다. 이때의 유전자형 빈도는 $vw + D$, $v(1 - w) - D$, $(1 - v)w + D$, $(1 - v)(1 - w) - D$과 같이 표현된다. $D = 0$이면 연관 평형이며, $D = 1$이면 완전 연관 불평형이 된다(r^2라고 하는 연관 불평형 매개 변수도 사용된다).

이러한 집단 유전학적인 유전자형의 빈도는 옥수수와 목초류 등의 타식성 식물에서는 잘 맞지만, 벼와 보리 등의 자식성 식물에서는 무작위 교배를 가정할 수 없기 때문에, 형질과 마커가 예상보다 연관 불평형 상태에 있다고(관련 있는) 판단될 수 있다. 특히 분석에 사용하는 품종이 과거에 각 지역이나 용도에 나뉘어, 독자적 그룹을 형성 하고 있는 경우는(이를 구조화라고 한다) 그 형질과 관련 없는 위치에 유전자가 추정되는 것이 있다. 그러나 보리의 적은 성공 사례에서는 관련 분석에 의해 이삭의 형태에 관한 유전자를 동정, 분리하고 있다.

관련 분석은 과거에 일어난 교잡을 이용하여 각의 품종을 집단의 후대 계통

칼럼 5 | 관련 분석과 genome-wide marker에 의한 선발 예측

에 보고 판단하고 분석하기 때문에 새로운 교잡이 필요 없다. 또한 다수의 품종 사이에서 차이가 있는 여러 유전자를 동시에 분석할 수 있는 등의 이점이 있다. 게놈 분석이 진행되고 여러 품종의 게놈 서열이 사용 가능한 경우, 수만 단위의 대량의 DNA 마커를 검출하는 것이 가능해진다. 이러한 마커의 유전자형과 형질 조사를 모델인 집단에서 실시하는 것에 의해 전혀 형질을 조사하지 않고도 목적으로 하는 계통을 선발 하는 genomic selection이라고 하는 방법이 고안되어, 동물 육종을 중심으로 성과를 내고 있다. 이러한 방법을 사용하면 환경의 변화에 민감한 형질에서도 효율적으로 선발이 가능하다고 보고되고 있다.

09장 배수체와 이수체의 제작 방법과 이용

배수체는 1개의 세포핵에 있는 염색체의 수가 이배체($2x$)와 비교하여 게놈 단위로 증가한 것을 말하며, 게놈을 3 세트 가진 개체를 삼배체($3x$), 4 세트 가진 개체를 4배체($4x$) 등이라고 부른다(3.2절). 식물의 경우는 게놈을 1 세트 밖에 갖지 않는 것도, 종자 생산은 하지 않지만 개체로 성장할 수 있기 때문에, 이를 반수체(x)라고 부르고 있다. 배수체 중에서 같은 종의 게놈이 증가하여 생긴 것을 동질배수체라고 부르며, 다른 종들의 게놈이 하나의 세포에 모여 생긴 것을 이질배수체라고 부른다. 이 장에서는 동질배수체의 이용에 대해 설명할 것이다.

이에 반에, 이수체는 염색체의 수가 게놈 전체가 아닌 부분적으로 증감하는 개체를 의미한다. 어느 상동 염색체가 2개 모두 누락된 개체는 0 염색체 개체($2x-2$: nullisomics), 1개만 누락된 개체는 1 염색체 개체($2x-1$: monosomics), 반대로 3개가 늘어난 개체는 3염색체 개체($2x+1$: trisomics) 등으로 부른다. 이러한 염색체 수의 변화가 여러 염색체에서 동시에 일어나는 경우도 있다.

배수체나 이수체는 자연계에서도 일어나며, 이것이 식물의 계통 분화와 진화에 중요한 역할을 했음을 3.2절의 예에서 본 바 있다. 이러한 돌연변이를 인위적으로 유도하여 새로운 품종으로 발전시킬 수도 있다.

9.1 배수체와 이수체를 만드는 방법

배수체를 인위적으로 만들기 위해서는 예로부터 여러 가지 방법이 시도되어 왔지만, 그 중 가장 간편하고 효율적으로 널리 사용되어 온 방법은 콜히친이라는 물질의 수용액을 식물의 생장점에 처리하는 콜히친 처리법이다. 콜히친은 지중해 연안 지역에 분포하는 콜키쿰(*Colchicum autumnale*)이라는 식물의 구근에서 추출되는 알칼로이드계 노란 분말이다. 이 수용액을 분열 중인 세포에 처리하면, 방추체 형성이 저해되고 염색체의 양극으로 분리 • 이동이 억제되기 때문에(1.2절 b) 염색체 수가 본래 세포의 2배가 될 수 있다.

콜히친 처리를 하면 생장점을 구성하는 일부의 세포에서 앞서 설명한 기능에 의해 염색체의 수가 배가한다. 원래 식물이 이배체($2x$)이면, 배가 세포에서 발달한 부위는 사배체($4x$)가 된다. 이 부위에서 생성된 꽃은 $4x$ 세포에서 $2x$ 난세포와 꽃가루가 형성되고, 이들이 수정하면 사배체($4x$)의 자손이 생성된다. 또한, 하나의 세포에서 새로운 개체를 재생시키는 기술이 확립된 작물은 제13장에서 언급할 세포 융합 기술 및 세포 배양법을 사용함으로써, 위의 언급한 방법보다 훨씬 효율적으로 배수체를 만들 수 있다.

콜히친 처리에 의해 발생하는 염색체 수의 변이에는 배수체 변이 외에도 일부 염색체만이 증감한 이수성 돌연변이도 많이 포함된다. 이수성을 갖게 된 세포에서 발달한 꽃은 감수분열에 의해 다양한 염색체 수를 가진 이수성 배우자가 형성된다. 또한 염색체 수가 $4x$ 세포에서 발생하는 꽃은 $2x$의 배우자 외에 다양한 염색체 수를 가진 이수성 배우자를 형성한다. 이처럼 이수성 배우자가 수정하면 이수체의 자손이 생긴다. 처음부터 이수체의 획득이 목적인 경우에는 배수성이 다른 부모, 예를 들어 이배체와 사배체 사이의 잡종을 만든 후 그 후대 중에서 이수체의 개체를 찾는 방법이 가장 효과적이다. 이 밖에 돌연변이원을 처리한 개체의 후대에서 찾는 방법(6.2절), 인공 배양 과정에서 발생하는 돌연변이 세포에서 재생한 개체 중에서 찾는 방법, 염색체 수를 감소시키는 효과를 갖는 Para-Fluorophenylalanine(PFP)을 대상 식물의 생장점에 처리하는 방법 등이 있다(14.4절 c). 위의 방법을 사용해도 현재 목표로 하는 특정 염색체의 숫자만을 선택적으로 변화시킬 수 없기 때문에, 목적으로 하는 이수체를 얻으려면 위의 방법으로 만들어낸 이수체 중에서 현미경 관찰 등에 의해 염색체 수를 확인하고 골라 내는 작업이 필요하다.

9.2 동질배수체의 특징과 이용 예

배수성의 개체는 본래의 이배체에 비해 세포가 커지므로, 개체 전체 또는 줄기, 잎, 뿌리 등의 영양 기관과 꽃, 종자 등의 생식 기관도 커지는 경우가 많다. 또한 추위와 건조, 또는 병해충에 대한 저항력과 색소체 및 식물의 대표적인 2차 대사산물인 알칼로이드 등의 화학 성분의 함량이 크게 변화하는 경우가 있으므로, 채소와 목초와 같은 영양 기관의 크기와 유용 성분 물질을 가진 작물이 유망한 육종 소재가 된다. 또한 화훼처럼 꽃의 크기와 색상이 중요한 작물도 매우 유망한 육종 소재이다. 지금까지 무나 배추 등의 채소와 페츄니아, 금어초, 패랭이꽃 등의 화훼, 포도나 귤 등의 과수에서 많은 우량 계통이 육성되고 있다.

배수성 개체의 문제점은 개체당 꽃의 수가 감소하고 개화기가 늦어져 종자의 충실도도 충분하지 않은 경우가 많다는 점이다. 따라서 벼와 보리와 같이 종자를 수확물로 하는 작물은 인공적으로 만들어진 배수체가 실용 품종으로 보급된 예가 없다. 또한 만들어지고 얼마 되지 않은 사배체는 감수분열이 불안정하기 때문에, 종자 생성률이 떨어지고 자손 중에는 여러가지 이수체가 분리하는 경우가 많다. 종자로 번식이나 유지해야 하는 작물의 경우는 이와 같은 점들을 선발 등을 통해 개선할 필요가 있다.

9.3 배수체의 특수한 이용 예

a. 씨 없는 수박

동질 삼배체에서는 감수분열시 상동 염색체의 쌍과 양극으로의 분배가 불규칙하기 때문에(1.2절 c), 정상적인 생식 능력을 가진 x 또는 $2x$의 염색체 수를 가진 배우자가 거의 형성되지 않는다. 따라서 바나나 등의 예에서 볼 수 있듯이 삼배체는 일반적으로 대부분 종자를 형성하지 않는다.

이러한 현상에 착안하여 처음으로 시도된 것이, 1947년 교토대학의 키하라(木原) 교수에 의해 육성된 씨 없는 수박이다.

씨 없는 수박은 그림 9.1에 그 방법을 나타낸 것처럼, 콜히친 처리(9.1절)에 의해 만든 사배체와 정상적인 이배체를 교잡하여 만들었다. 수박의 게놈은 11개의 염색체로 구성되므로 이배체, 사배체, 삼배체는 각각 $2x = 22$, $4x = 44$ 및 $3x = 33$의 염색체를 가진다. 사배체와 이배체의 수박을 교잡하는 경우, 전자를 모친으로 하고 후자를 부친으로 하지 않으면, 발아 좋은 종자를 충분히 얻는 것은 어렵다. 삼배체는 한 세대만을 살 수 있는 개체이기 때문에, 이것을 품종으로 매년 재배하려면 자가수분으로 유지한 사배체와 이배체를 매년 교배하여 삼배체 종자를 만드는 것이 필요하다. 또한 삼배체의 열매가 잘 발달하려면, 성숙한 꽃가루가 방출하는 성장 호르몬을 주두에서 흡수할 필요가 있기 때문에 삼배체 옆에는 대량의 성숙 화분을 생성하는 이배체를 심어 둘 필요가 있다.

이와 같이 일본에서 개발된 씨 없는 수박은, 실용 품종으로 정착할 수 없었다. 그 주요 원인은 생육이 느리기 때문에, 여름의 소비 시즌에 맞출 수 없다는 것이다. 하지만 기후가 연중 온화하고, 상품으로의 계절성도 별로 문제되지 않는 동

히 복잡해지고 있는 육종에 관련된 법적 절차를 정리한다.

11.1 품종의 인정 시스템

농촌진흥청 등 국공립 연구기관이나 민간 종묘회사에서 육성된 우량 계통은 신품종으로서 보급되기 전에 몇 개의 절차를 필요로 한다. 이 절차는 작물에 따라 차이가 있지만 크게 농업 생산의 특성 확인 및 육성자의 권리를 보호하기 위한 품종 등록이 있다. 예로써, 중요 식량작물인 벼를 예시로 들고자 한다.

농촌진흥청 등에서 육성된 계통은 시험연구기관의 병충해 저항성 등의 특성 검정 시험, 계통 적응성 검정 시험 등을 거쳐 신품종으로의 검토를 하기 위한 계통번호가 있다. 번호를 부여 받은 개체는 지방의 장려 품종 결정 조사 사업에 배부된다. 지방에서는 더욱 실제 재배 환경에 가까운 시험을 실시하기 위해, 시험장 내부뿐만 아니라 생산자의 포장을 빌려서 현지 재배를 통한 지역 적응성 시험을 하는 경우도 많다. 이 사업을 통해 질병의 발생과 개화시기 등의 특성 조사를 실시함과 동시에 수확량도 확인한다. 수확한 종자 등의 생산물은 품질과 맛 등을 검증한다. 이러한 시험을 여러 해 반복한 후에야 신품종으로서의 인정 여부를 결정한다. 특히 수량성은 재배하는 생산자의 수입에 결부되기에 매우 중요하며, 기존의 품종보다 명확하게 많은 수확량을 나타내거나, 같은 수확량을 나타내는 경우에는 조생과 맛 등의 특성이 우수하지 않으면 신품종으로 채택되지 않는다. 또한 같은 신품종 후보라도 지역에 따라서 수확량과 재배 특성이 다르기 때문에, 신품종으로서의 판정을 지역마다 실시한다. 이러한 과정을 거쳐서 지방 중 한 곳에서라도 새로운 품종으로 인정하는 곳이 있으면 신품종으로 된다. 신품종에는 국가의 사업으로 육성된 경우에는 일련번호가 붙고, 지방에서 육성한 경우에는 그 식별 번호와 동시에 오대벼와 같은 품종 고유 명칭을 붙일 수 있다.

이와 같이 품종으로서의 능력을 검정하는 재배 시험과는 별도로 아래에 설명하는 종묘법에 의한 품종 등록 제도가 있다. 종묘법은 국제법이며, 이를 허가한 국가라면 품종 등록은 해외에서도 유효하다. 종묘법은 신품종을 육성한 개인의 권리를 보호하기 위해 마련된 제도로, 그 취지는 특허 제도와 같다. 종묘 등록된 품종의 종묘 생산에 있어서는 그 생산량에 따라 일정 금액을 육성자에게 지급하여야 한다. 종묘법에 따라 품종을 등록하기 위해서는 다른 품종과 구별할 수 있어야 하지만, 농업적으로 우수한 특성을 갖지 않더라도 등록이 가능하다. 특히 꽃이나 채소처럼 특성이 기존 품종과 다소 다른 것만으로도 신품종으로서 시장 가치가 높아 종묘 등록이 가능하다.

11.2 품종의 보급과 유지

육종 사업에서 육성한 계통에서 유래한 것들 가운데, 가장 순도가 높고 세대가 진행된 종자를 육성 종자라고 부른다. 육성된 우량 계통이 장려 품종으로 결정하게 되면 원원종의 증식이 시작되고, 다년간의 장려 품종에 필요한 조사를 통해 신품종으로 인정되게 된다.

원원종은 지방 단위로 관리하는 가장 기본적인 계통의 종자이다. 자식성 벼의 경우는 원원종의 계통으로부터 수확한 종자를 재배하고 원종으로서 증식한다. 종자는 다른 품종과의 교잡 및 돌연변이에 의해 변화하거나 분리하기 때문에, 계통별로 재배하여 개체를 선발하고, 선발된 품종과 다른 특징을 나타내는 개체는 제거된다. 원종으로서 생산된 종자는 채종 포장에서 대규모로 증식시켜서, 형질이 다른 개체는 제거하게 된다. 채종 포장에서 품종의 특성과 질병의 유무 등을 심사한 후, 일반 재배용 종자로 배부된다.

타식성 작물의 품종 종자 증식과 특성 유지는 계통 간의 상호 교잡을 막기 위한 특별한 시설이나 격리 재배에 의해서 종자를 생산해야 한다. 목초의 원원종 및 원종의 유지·생산은 국내에서 실시하지만, 보급용 종자에 대해서는 해외 증식을 위탁할 수 있다. 또한 목초의 합성 품종(5.3절 b)에서는 품종의 생산 능력을 유지하기 위해 근교약세를 방지해야 하며, 이를 위해 유전적인 변이를 유지해야 한다. 이 때문에 계통 특성을 확인하면서 개별적 채종을 통해 유전적 변이를 최소화해야 한다. F_1 품종의 경우에는 자식 계통, 웅성 불임 계통, 유지 계통 등의 여러 계통을 격리하고 유지하며, 이들을 교배하면서 F_1 종자를 생산하게 된다. F_1의 종자는 고가이므로 종자의 생산 효율 또한 중요한 품종의 특성이 된다.

영양번식으로 유지할 수 있는 작물은 자연 돌연변이에서 아조변이가 발생하지 않는 한, 특성의 변화가 일어나지 않기 때문에 특성 유지를 위한 작업은 비교적 간단하다. 그러나 감자는 바이러스 질병과 시스트 선충(*Globodera rostochiensis*) 등의 피해가 심각하기 때문에 국가가 원원종, 원종을 관리하고 엄격한 병해 방제를 실시해서, 씨감자를 유지하고 있다. 품종의 보급시에는 질병에 시달리고 않은 건강한 모종을 얼마나 효율적으로 증식하는지가 문제가 되지만, 카네이션과 딸기, 고구마 등은 생장점 조직 배양으로 바이러스를 제거한 모종(13.1절 b)을 생산하는 체제가 확립되어 있다.

11.3 유전자 재조합 품종의 공개 절차

유전자 재조합 품종은 한국에서는 실질적 재배 품종으로 아직 보급되어 있지 않으며, 재배 품종으로 인정받기에는 법률적, 사회적 승인이 필요한 실정이다. 그러나 현재 유전자 재조합 기술을 통한 분자 육종이 중요하게 자리잡고 있어서, 필요한 절차를 정리해 두자.

유전자 재조합 품종도 일반 품종과 마찬가지로 종묘법에 의한 품종 등록이 필요하다. 유전자 재조합에 의해 육성된 품종은 돌연변이 등으로 육성된 품종과 같이 현재의 종묘법에서는 종속 품종으로 간주된다. 종묘로 심사를 실시하는 농촌진흥청에서는 재조합 종자를 보관하는 방법이나 재조합 개체를 재배하고 평가할 수 있는 시설을 갖추고 있다. 현재는 출원된 종묘의 종류에 따라 개별적으로 대응해야 하고, 일반 심사보다 시간이 오래 걸린다.

또한 국내 유통을 할 경우는 재조합 개체(예, 제초제 저항성 옥수수)의 환경 영향성 평가(농촌진흥청에 신청)가 필요하며, 식품으로 하는 경우에는 안전성 평가(식품의약품안전처에 신청)을 실시하고서 허가를 얻어야 한다. 이때, 재조합 개체를 육성한 방법에 대한 정보(목적 유전자, 벡터, 도입 방법, 유전자의 사본 수 등)를 심사기관에 제출해야 한다(15.3절).

한국에서, 재조합 작물의 재배는 법률에 의해 규제되고 있지만, 향후 완화의 방향으로 검토되고 있다. 또한 CRISPR에 의한 새로운 작물의 생산을 유전자 재조합으로 볼 것인지에 대해서 많은 논란이 되고 있다.

11.4 유전 자원과 육종에 관한 법률

a. 생물 다양성 협약

생물 다양성 협약은 1992년 야생생물(동식물)을 전 세계적으로 보전하고 지속 가능한 이용을 위해 UN이 주체가 되어 제정한 국제 조약으로 우리나라도 비준하고 있다. 이 협약은 생물 다양성에 관한 정보 교환 및 조사 연구를 각국이 협력하여 수행하게 되어 있다. 또한 선진국들이 출자하여 개발도상국의 노력을 지원하는 자금 원조의 제도와 선진국의 생물 다양성 보전 기술을 개발도상국에 제공하는 기술 협력 구조가 있어, 경제적 · 기술적 이유로 생물 다양성의 보전과 지속 가능한 이용을 위한 노력이 미흡한 개발도상국을 대상으로 지원이 이루어진다.

또한, 이 협약은 생물 다양성에 영향을 미칠 수 있는 생명공학에 의한 유전자 조작 생물(living modified organism, LMO)의 이송, 처리, 이용 절차 등에 대한 검토도 실시한다. 이에 따라 2003년에는 유전자 재조합 작물 등의 수출입에 수출국이 수입국에 정보를 제공하고 사전 동의 받는 것을 의무화한 국제 협정 "바이오 안전에 관한 카르타헤나 의정서"가 발효됐다.

b. 식량 농업 식물 유전 자원 협약

농업의 유용한 식물 유전 자원에 대해서도 지속적인 농업과 식량 안전 확보를 위해서, 각국 공통의 규칙으로 이용과 이익 배분을 도모하는 여러 국가 간의 시스템 작성이 2001년 FAO 총회에서 채택되었고, 국제적으로는 이 협약이 실질적인 작물 유전 자원의 이용 기준이 되고 있다. 이 조약에 해당하는 것은 35종류의 작물과 29속의 사료 작물에 한정되어 있으며(표 4.2), 중요한 작물임에도 콩과 토마토 등은 포함되지 않았다. 구체적으로는 결과물을 상업적으로 이용할 때에는 매출에서 30% 뺀 금액의 1.1%를 FAO에 지불하도록 규정되어 있다. 또한 이 규정에서는 농업 식물 유전 자원이 식량, 농업 및 육종을 위한 연구 목적만으로 가능하며, 그 밖의 산업적 이용은 포함되지 않는다. 이와 같은 결정은 유전 자원을 지속적으로 보존하기 위해서 매우 중요하지만, 현재 위와 같은 지불 시스템이 유효하게 작용하지 않기 때문에, 육종에 필요한 유전 자원의 국제적인 수집과 도입이 크게 제한 받고 있다.

c. 물질 이전 계약과 식물 방역

유전 자원의 배포에는 물질 이전 계약(materials transfer agreement, MTA)을 교환한 후, 기재된 내용에 따라 재료를 사용한다는 계약을 하는 것이 일반적이다. 또한 유전 자원을 국외로 발송하는 경우에는 원칙적으로 식물 방역에 따른 인증서가 필요하다. 특히 호주 등 식물 방역에 매우 엄격한 나라에서는 유전 자원을 일반적인 연구자에게 직접 발송할 수 없고, 정부가 지정한 연구기관에서 일단 재배한다. 종자의 안전성을 확인된 후에야 재배한 개체에서 생성된 종자를 각각의 연구자에 송부한다.

d. 종묘법

종묘의 육성은 특허와 마찬가지로 지적 재산권이 인정되고 있으며, 식물의 신품

서는 세포 분열 활성이 높은 새싹의 생장점, 측아, 휴면아가 많이 쓰인다. 이 방법과 이 방법으로 증식하여 유전적으로 완전히 동일한 성질을 가진 영양체는 모두 메리클론이라고 부른다. 난에서는 심비디움이나 덴드로븀 등과 같은 비교적 증식이 좋은 종부터 시작했고, 카틀레야와 새우난초 등과 같이 처음에는 증식이 어려웠던 종에서도 널리 이용되고 있다. 현재 서양란의 대부분은 무균적으로 대량 증식된 메리클론 묘이다. 또한 경정 배양법은 환경의 변화, 인간의 산업 활동 등에 의해 멸종이 우려되는 해오라비난초와 *Fritillaria camschatcensis* 등의 식물과 원래부터 개체 수가 적었던 고산 식물과 같은 귀중한 식물을 인공적으로 증식하는 방법으로도 쓰인다.

c. 배 배양(배 구조법)

배 배양은 수정 후의 미성숙한 배를 꺼내서 인공적으로 배양한 후, 배를 무균적으로 식물체까지 성장시키는 방법으로 배 구조법이라고도 한다. 1925년에 Laibach F.이 종간 교잡 잡종의 배 구조에 최초로 성공했다. 교잡은 잘되더라도 잡종 배가 성장하지 않는 것은 양친이 유전으로 먼 친척인 경우에 잘 나타나는데, 서로 다른 종을 생리적으로 격리하는 기구 중 하나이다. 식물체에서 수정된 배가 일정 단계 이상으로 자라지 않는 이유는 여러 가지이다. 배주 배양은 양친이 너무 멀어서 수정 자체가 어려운 경우, 배주를 꺼내서 무균적으로 준비한 꽃가루와 교배하여 얻은 잡종 배를 배양하는 방법이다.

육종으로는 종간의 교잡과 속간 교잡에 의한 잡종 배를 구조하는 것은 교잡 가능성을 넓혀서 새로운 유전자를 도입할 수 있기 때문에 중요하다. 배 배양에서는 양배추와 배추의 종간 잡종인 하쿠란의 육성(세이 등 1959), 흰색 꽃인 철포 백합 "조지아(ジョージア)"와 붉은색 꽃인 스카시 백합 "카세이(歌声)"와의 아속간의 잡종에 의해 분홍색의 꽃을 피는 로트 호른(ロートホルン)의 육성(아사노 등, 1974)에서부터 최근의 양배추와 소송채(고마츠나)의 종간 잡종인 천보채(千宝菜), 여름 호박와 서양 호박의 종간 잡종인 푸치니 등을 들 수 있다. 그 외에도 야생 벼에서 유용 유전자 도입을 위한 재배 벼와의 종간 잡종 육성, 동일한 재배 벼 사이에서도 종이 다른 아프리카 벼와 아시아 벼와의 교잡에 의한 네리카 쌀(칼럼 6)의 육성, *Iris ensata* Thunb. var. *ensata*의 종간 잡종의 획득 등에 널리 사용되었다. 이처럼 조직 배양법은 많은 연구가 이루어져 있고, 작물 유전이나 육종 연구에 기반이 되는 분야이다.

13.2 세포 배양법

a. 원형질체의 제작과 배양

세포벽을 가진 식물 세포는 배양을 시도해도 대개 분열하지 않기 때문에, 세포 배양법에는 원형질체가 이용된다. 원형질체는 식물 세포의 세포벽을 제거한 세포막만 있는 세포이다. 원형질체 배양은 조직의 배양과 거의 동일하다.

원형질체의 배양에서는 우선 원형질체를 만드는 것으로부터 시작된다. 그러기 위해서는 엽육 조직과 미숙 배를 무균적으로 배양한 캘러스 등을 재료로 한다. 효소(펙티네이스)를 사용해서 세포끼리 서로 접착되어 있는 펙틴질을 분해하여 유리된 세포로 만든다. 이후 다른 효소(셀룰레이스)를 사용해서 유리 세포의 세포벽을 분해하여 원형질체화한다. 원형질체는 세포벽을 갖지 않기 때문에, 동물 세포처럼 배양액에 첨가된 외래 유전자를 흡착하거나 세포가 서로 융합하는 등의 정상적인 식물 세포에서는 보이지 않는 특징을 나타낸다.

그림 13.2은 원형질체를 분리하는 과정을 보여준다. 우선 신선한 잎의 뒷면 표피를 핀셋 등으로 제거하고, 이어서 잘게 썬 잎을 펙티네이스 용액에 처리한 후 1 시긴 정도 빈응시킨디. 이 괴정 동안에 주기적으로 가볍게 교반 처리를 하면 조직으로부터 세포가 유리된다. 이때, 효소액을 셀룰레이스로 바꿔서 가끔씩 가볍게 교반하면서 유리 세포를 처리하면 식물 세포의 세포벽은 분해되고 원형질체

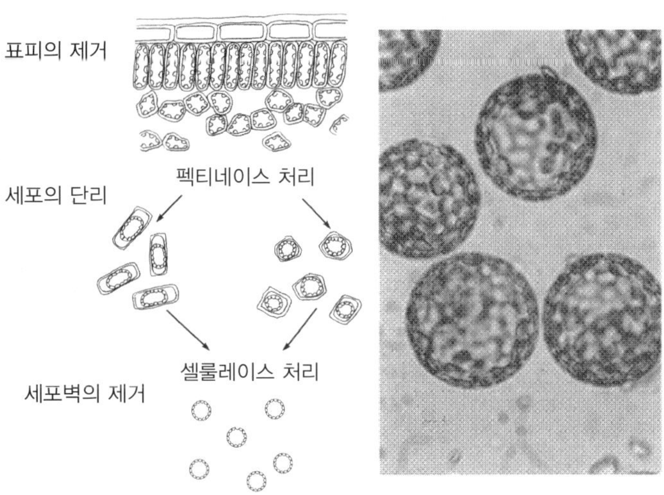

그림 13.2 엽육 조직으로부터 원형질체의 제작과 분리된 아베나 원형질체.

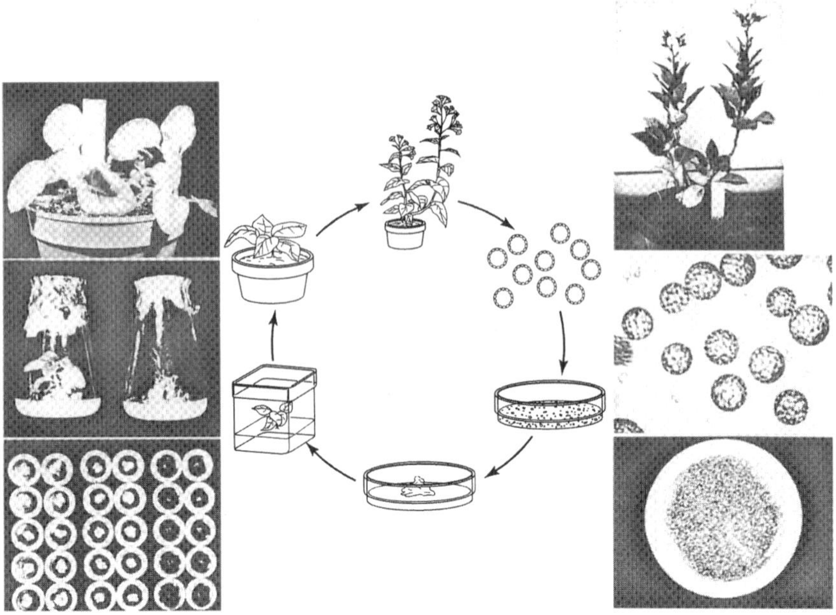

그림 13.3 담배의 원형질체로부터 캘러스를 거쳐 식물체가 재생될 때까지의 모식도.

(그림 13.2 오른쪽)를 대량으로 얻을 수 있다. 이 처럼 세포를 우선 분리한 뒤에 원형질체를 만드는 방법을 두 단계법이라 한다. 또한 처음부터 2종의 효소를 혼합하여 처리하는 것은 세포의 분리와 원형질체화를 동시에 수행하는 것으로 한 단계법이라고 부른다. 현재는 후자가 일반적이다.

분리된 원형질체는 파열되지 않도록 삼투압을 높인 배지에서 배양하면, 담배에서는 2일 정도에 세포벽이 다시 합성된다. 그 후, 세포 분열이 시작되고, 눈에 보이는 작은 세포 덩어리를 형성한다. 이 작은 세포 덩어리는 곧 캘러스로 성장한다. 이 캘러스를 오옥신이 첨가된 배지에서 오옥신을 제외하고 시토키닌을 첨가한 배지로 이식하면, 어린 싹이나 작은 뿌리로의 분화가 시작된다. 그리고 어린 식물체를 거쳐 최종적으로 완전한 개체가 형성되어 개화에 이른다(그림 13.3). 이와 같이 1개의 세포에서 완전한 식물체로 재생된다.

원형질체에서 식물체의 재생은 단자엽 식물인 벼, 보리, 밀, 옥수수 등에서는 어렵지만, 배양법의 개선을 통해 현재는 쌍자엽식물인 담배, 토마토, 감자에서는 보편적으로 이용되고 있다. 원형질체에서 재생이 가능해진 것은 1개의 세포를 개체로 간주하게 된다 것을 의미한다. 또한 포장에서 개체 선발을 하지 않고 실험실에서 특정 목적으로 하는 개체 선발이 가능하다. 또한 원형질체는 원형질체끼리 서로 융합하여 잡종을 만드는 특성(13.3절)과 외래 유전자를 흡수하기 쉬운 특성(15.3절) 덕분에 세포 조작과 유전자 조작의 재료로 널리 사용되고 있다.

b. 유용 물질의 생산

배양 세포에 의한 유용 물질의 생산은 1950년에 보고된 천연고무의 생산이 첫 번째 사례이다. 유용 물질을 생산하는 식물 세포와 세포 덩어리 또는 조직을 배양하여 세포가 생산하는 알칼로이드 계통의 베르베린(berberine), 아트로핀(Atropine)과 식물 색소 중 베타닌(Betanin), 시코닌(Shikonin) 등과 같이 특정 식물의 유용물질을 대량 생산하는 연구가 진행되었다. 따라서 탱크 안에 액체 배지를 사용하여 약용 식물 유래의 세포와 세포 덩어리를 대량으로 배양하기 위한 노력이 시도되었다. 현재는 담배 세포 등 배양이 용이한 배양 세포계를 사용하여 목적 산물을 생산하는 것도 시행해되고 있다. 따라서 목적 유전자를 도입한 특정 세포주를 내량 배양해서, 식물의 내사산물뿐만 아니라 인간 유전자 등에서 유래한 산물을 식물 세포를 이용하여 대량으로 얻기 위한 시도가 다수 이루어지고 있다. 예를 들어, 두릅나무 조직 배양에서 두릅의 눈에 포함된 항종양 단백질 생산, 주목(*Taxus cuspidata*) 조직 배양에서 항종양 물질인 택솔(taxel) 생산, 유용한 이차 대사산물인 디기톡신(Digitoxin)과 디곡시게닌(Digoxigenin) 등을 얻기 위한 디기탈리스의 조직 배양, 담배 배양 세포에서의 혈액 항응고제 생산, 비타민 E, 히알루론산과 광견병 바이러스에 대한 항체의 생산, 담배와 해바라기의 배양 세포에서의 인간성장호르몬(소마토트로핀, somatotropin) 생산 등을 들 수 있다.

13.3 세포 융합

a. 대칭 융합

세포 융합은 2개의 원형질체를 접착시키고 융합시켜서, 2개의 원형질체가 가지고 있는 핵이 융합되도록 하여 생식 과정을 거치지 않고서도 잡종 세포를 만들어내는 것이다. 세포 융합을 통해 얻은 잡종 세포를 일반 유성 생식에 의한 잡종과 구별하기 위해서 체세포 잡종이라고 부른다.

그림 13.4에는 오렌지와 탱자나무의 체세포 잡종인 오레타치를 보여주고 있다. 오레타치 잎의 형태는 탱자나무의 우성 형질인 삼출엽을 보여주고 있다. 세포 융합에 있어서 양친의 원형질체가 1 대 1로 결합된 경우는 양친 세포의 핵 유전물질과 세포질 모두 잡종 세포의 형성에 동일하게 영향을 주기 때문에 대칭 융합

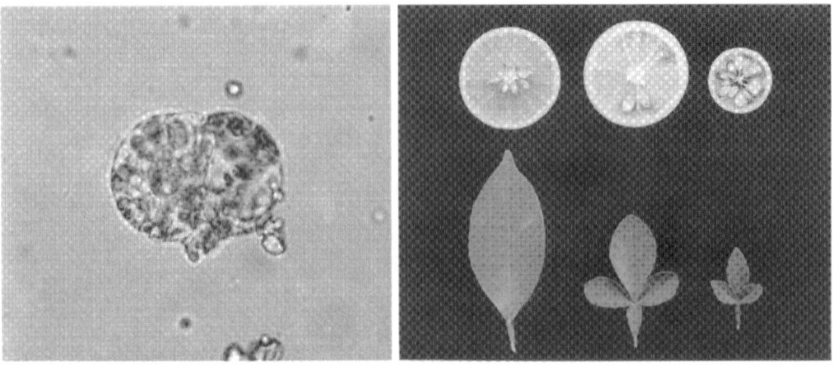

그림 13.4 세포 융합에 의해 생성된 오렌지와 탱자나무의 체세포 잡종 오레타치. 왼쪽 그림은 오렌지 캘러스 유래의 원형질체와 탱자나무 엽육세포 유래의 원형질체가 융합하는 모습. 오른쪽 그림은 오렌지, 오레타치, 탱자나무 순으로 각각 과실(상단)과 잎(하단)을 나타낸다.

이라고 불린다. 세포융합법을 사용하면 일반적인 교배가 불가능한 식물끼리의 조합일지라도 잡종을 만드는 것이 가능하다. 또한 식물끼리뿐만 아니라 동물세포와 식물세포의 융합도 물리적으로 가능하다.

체세포 잡종을 교배에 의한 잡종과 비교했을 때, 다음과 같이 두 가지가 다르다. 첫 번째는 체세포 잡종의 염색체 수는 양친의 체세포의 염색체 수를 더한 것이 된다. 두 번째는 일반적으로 잡종에서는 세포질이 모친으로부터 단독으로 전해지지만, 체세포 잡종에서는 양친으로부터 균등하게 전해진다. 그러나 엽록체와 미토콘드리아와 같은 세포소기관은 결국 어느 한쪽의 것으로 통일되는 경우가 많다.

세포 융합법은 적용 범위의 확대 및 효율적인 사용을 위해 다양한 방법이 개발되어 왔다. 예를 들어, 원형질체끼리의 융합을 촉진시키기 위해 배지에 폴리에틸렌 글리콜을 첨가하는 방법(PEG법)과 교류 전압을 걸어 원형질체를 접착시킨 후 순간적인 직류 펄스를 흘려 융합시키는 방법(전기융합법) 등이 있다.

세포 융합에 사용한 원형질체를 배양하여 다수의 식물체를 재생시킨 후, 목적으로 하는 체세포 잡종을 다시 포장에서 선발하는 것은 효율적이지 않다. 그래서 목적으로 하는 체세포 잡종을 실험실 내에서 효율적으로 선발하는 방법을 생각할 수 있다.

한 가지 방법은 양친의 원형질체가 선택 배지에서 선발을 가능하게 하는 선발 마커를 수여한다. 예를 들어, 항생 물질에 저항성을 나타내며 재생 기능을 갖지 않는 원형질체와 항생 물질에 감수성을 나타내며 재생 능력을 갖는 원형질체를 양친에게 사용했다고 한다. 이 경우, 세포 융합 처리 후의 체세포 잡종을 포함한 원형질체를 항생 물질이 들어간 선택 배지에서 배양하면, 같은 부모에서 유래한 원형질체끼리 융합된 체세포 잡종과 융합하지 않은 원형질체는 항생 물질 감수성이거나 재생이 불가능하므로 식물체를 얻을 수 없다. 그러나 다른 부모로부터 유래한 원형질체끼리 서로 융합된 체세포 잡종은 배지의 항생 물질에 견디는 동시에 식물체를 형성하는 능력을 갖기 때문에 식물체가 된다.

그 외에, 세포질의 대사를 저해하고 원형질체를 불활성화하는 2-iodoacetamide (IOA)로 특정 부모의 원형질체를 처리하는 방법이 사용되고 있다. 이 경우, 2-iodoacetamide으로 처리된 원형질체는 처리되지 않은 원형질체와 융합하지 않으면, 세포질이 불활성화되어 있기 때문에, 오랫동안 생존할 수 없다는 점을 이용한다. 또한 자력을 이용한 방법도 고안되어 있다. 이 방법은 원형질체의 세포막에 자석 비드(bead)로 표식한 화학 물질을 결합시키는 것이다. 그러면 원형질체를 자력에 의해 선별할 수 있다. 이 경우, 상대가 될 원형질체에 항생 물질의 저항성을 선택하여 세포 융합을 실시한다. 융합 세포를 자력 선발한 후, 항생 물질이 들어간 선택 배지에서 배양하면 체세포 잡종만을 얻을 수 있다. 또한 양친의 원형질체가 1대 1로 융합한 것만을 선택하기 위해서 체세포 잡종의 핵 DNA 양을 연속적으로 측정하여 선별하는 세포 분별 장치(cell sorter, 14.5절 c)를 이용할 수 있다.

b. 비대칭 융합

세포융합법을 사용하여 다수의 체세포 잡종이 생성되어 왔다. 그리고 그 한계도 분명해졌다. 실제 육종에서 양친의 중간형이 필요한 경우는 적고, 오히려 기존의 우량 품종의 일부 문제점을 개선하고자 하는 것이 일반적이다. 따라서 세포 융합법만이 이용 가능한 원연(먼 친척) 교잡 자체가 실제 육종에서는 드문 경우라고 할 수 있다.

따라서 세포융합법을 좀 더 일반적인 방법으로 하기 위해 다양한 방법이 개발되어 왔다. 예를 들어, 원연(먼 친척) 교잡으로 만들어진 잡종에 대한 여교잡(5.2 c)에 해당하는 방법이 있다. 이것은 어느 한쪽의 부모(예를 들어, 우량 품종)의 원형질체를 반복 체세포 잡종 원형질체에 융합시키는 방법이다.

그중에서도 효율이 좋은 방법이 비대칭 융합법이다. 이것은 유전적으로 완전한 부모끼리 융합시키는 것이 아니라, 하나는 정상적인 원형질체를 이용하고 다른 하나는 방사선 등으로 처리한 원형질체를 사용하여 체세포 잡종을 만드는 것이다. 예를 들어, 그림 13.5과 같이, 핵 유전자에 지배되는 우량 형질과 세포질 웅성불임 형질을 정상적인 세포질을 가진 다른 계통으로 옮기는 경우를 생각해 보

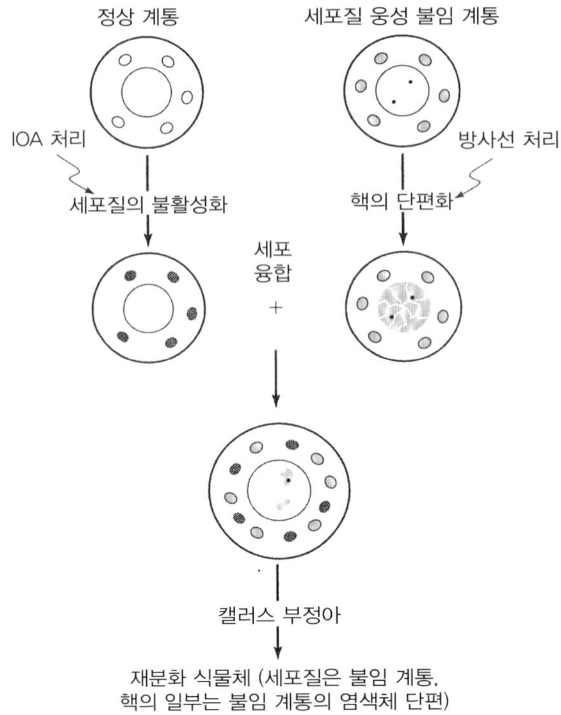

그림 13.5 비대칭 융합법에 의해 세포질 웅성불임 및 핵 유전자 지배에 의한 우량 형질의 도입.
세포질 안의 ⬮, ⬮, ⬯은 각각 불활성화된 세포질, 웅성불임 세포질 또는 정상적인 미토콘드리아를 나타낸다. 세포질 웅성불임 계통을 핵 내의 검은점은 크로마틴에서의 우량 유전자를 나타낸다.

자. 우선 세포질이 정상적인 계통의 원형질체에 세포질을 불활성화하는 2-iodo-acetamide(IOA)로 처리한다. 세포질 웅성불임 계통은 핵을 방사선으로 조사하여 단편화한다. 그리고 2개의 원형질체를 융합하면 만들어진 체세포 잡종의 세포질은 세포질 웅성불임 계통의 세포질로부터 전달되고, 핵은 정상적인 계통으로부터의 것이 되지만, 일부 유전 물질은 웅성불임 계통으로부터 전달된 것이 된다. 그 중에서 우량한 유전자가 포함되어 있는 체세포 잡종을 선발하게 되지만, 양친의 게놈이 완전히 섞이게 되어 보통의 체세포 잡종에 비해 그 선발에 걸리는 수고를 많이 줄일 수 있다(5.3절 b).

또한 유연 관계가 떨어진 외떡잎식물과 쌍떡잎식물 사이와 같이 벼와 보리, 당근과 보리 등의 식물 사이에서도 비대칭 융합법에 의해 식물체를 만들 수 있다. 이처럼 비대칭 융합법에 의해 세포 융합법의 본래의 목적 중 하나인 먼 친척으로부터의 유용 유전자의 도입이 가능해질 수 있다.

13.4 세포 선발법

원형질체에서 식물체를 재생하는 것은 육종으로서 큰 의의를 가진다. 개별 원형질체를 각각의 독립된 식물체로 간주하고 선발할 수 있기 때문이다. 식물체는 광대한 농장과 재배 관리가 필요하지만, 원형질체를 사용하는 경우는 플라스틱 페트리 접시 1개로 우량 개체 선발이 가능하므로, 선발 효율의 가능성이 높아진다.

구체적으로는 아미노산 유사 물질의 리신 아날로그 및 트립토판 아날로그, 무기 염류의 염화나트륨, 중금속의 아연, 알루미늄, 카드뮴과 수은, 제초제와 병원균이 방출하는 독소 등이 첨가된 배지에서 원형질체와 캘러스를 배양하면, 배양한 세포 내에서 저항성 개체를 선발할 수 있다. 그러므로 예를 들어, 광산 부지 주변의 식물을 이용한 중금속의 흡수 · 제거(생물 정화, Bioremediation)가 가능해진다. 또한 가지 풋마름병의 배양 여과액을 첨가한 배지에서 재생한 가지에서는 높은 풋마름병 저항성을 보였다. 환경 조건을 바꾸어 선발하는 것도 시도되고 있다. 내한성의 고구마를 선발하기 위해 저온에서 배양하여 저온 내성의 식물체를 재생하거나, 대기 오염에 강한 가로수를 만들기 위해 배기 가스를 도입한 배양에서 선발을 진행하는 것 등이다. 또한 선발할 원형질체에 다양한 유전적 변이를 미리 주기 위해, 화학적 돌연변이 유도제나 방사선으로 전 처리를 시도하기도 한다.

세포 선발의 효율성을 낮추는 주요 요인은 세포 수준에서 선발한 아미노산 아날로그 등에 대한 스트레스 내성 세포가 개체 수준에서는 그 내성을 명확하게 나타내지 않는 것을 들 수 있다. 세포 선발은 처음에는 낮은 농도에서 선발을 시작하여 서서히 농도를 올리고, 목적으로 하는 농도에서 저항성 세포를 선발하는 것이 보통이다. 그러나 화학 물질의 농도를 서서히 올리는 과정에서 세포가 점차 막구조와 대사를 변화시켜서 유전적이 아닌 생리적으로 저항성을 나타내는 것이 자주 발견된다. 이러한 현상을 순화라고 하며, 순화의 기구는 선발압의 종류에 따라 다르다. 그 중에는 선발에 사용된 화학 물질을 대사(해독)하는 유전자가 염색체에서 증폭하는 경우도 알려져 있다. 이 경우 세포 선발된 형질은 개체 수준에서도 발현하고 다음 세대로 유전된다.

세포 선발 결과, 개체 수준에서도 저항성이 명확히 나타났던 예로는 병원성 독소인 푸사린 산(Fusaric acid)을 배지에 넣어서 선발한 시들음병 저항성의 토마토, 병원성 독소 유사 물질인 메티오닌 술폭시이민(methionine sulfoximine)에 의한 들불병에 대하여 저항성인 담배의 예 등이 알려져 있다. 또한 캘러스의 선발과 재생에서는 T형 세포질 웅성불임 계통에 특이적으로 병원성을 나타내는 참깨 잎마름병 T 레이스의 독소를 이용한 참깨 잎마름병 저항성의 옥수수 등이 보고되고 있다.

13.5 인공종자와 저온보존법

a. 인공종자

세포, 조직 배양법에 의해 부정아, 체세포 배, 다아체(多芽體) 및 경정부에서 액체배지로부터 유도된 세포덩어리에서 유전적으로 안정되어 있는 묘조원기(shoot primordia, 苗條原基) 등을 사용함으로써, 식물체까지 성장하는 원기를 대량으로 만들 수 있게 되었다. 이러한 식물체로 성장하는 원기를 캡슐로 감싼 것을 인공 종자라고 한다. 그림 13.6은 벼의 인공종자와 그것이 발아한 결과를 보여주고 있다. 원기는 부모의 체세포를 사용하기 때문에, 부모와 유전적으로 동일하며 대량으로 얻을 수 있다. 따라서 F_1 잡종처럼 유전적으로 고정하지 않은 품종에서도 부모 식물체로서 사용하면 부모와 같은 유전자형을 가진 원기 또한 식물체를 대량으로 생산할 수 있다. 즉, 생식 과정에서의 유전적 조합을 거치지 않고 종자를 만들 수 있고, 육종 작업에서 오랜 세월이 필요한 고정 과정이 필요하지 않다. 따라서 인공종자는 육종 효율을 비약적으로 향상시킬 수 있는 것으로 기대되고 있다.

인공종자는 원기와 배양액을 포함한 알긴산 나트륨 용액을 염화칼슘 용액에 떨어뜨려, 알긴산 나트륨과 염화칼슘과의 반응에 의해 생성되는 알긴산 칼슘의 겔

그림 13.6 벼의 인공종자와 발아.

에 원기를 봉입하여 만든다. 인공종자는 겔로 형성된 캡슐 안에 다양한 성장 촉진 물질이나 성장 억제 물질을 자유롭게 추가할 수 있기 때문에, 원기의 발육을 자유롭게 제어할 수 있다는 재배의 이점이 있다. 한편, 건조에 약하고 장기 저장이 어렵다는 단점도 있다. 당근이나 셀러리의 인공종자는 이미 개발되어 있지만, 앞서 언급한 바와 같이 유전적으로 헤테로인 잡종 식물에서 이용 가치가 더 크다. 인공종자를 생산하는 데 가장 중요한 점인 균일한 원기를 대량으로 얻을 수 있는 것과 일반 종자와 동등 이상의 기능을 갖는 것, 장기 보존이 가능한 인공 캡슐의 개발이 향후 과제라고 할 수 있다. 최근 캡슐 코팅제로서 새로운 기능을 가진 소재가 개발되어 인공종자가 다시 주목을 받고 있다.

b. 저온 보존

이진부터 품종 저징에 이용된 종자 및 괴경 등의 영양세를 대신하어 세포와 조직을 무균적으로 저온에서 장기간 저장하는 것이 시도되고 있다. 이 방법은 저장에 필요한 공간을 적게 필요로 하고, 저장할 장소를 가리지 않기 때문에, 고산 식물과 멸종위기종 등 서식지가 한정되어 있는 귀중한 유전 자원과 임목처럼 영양체로밖에는 저장할 수 없는 작물의 저장에 이용되어지고 있다. 식물체의 저장은 0°C 이상의 온도에서 수 개월간 저장하는 중기 저장과 액체 질소(−196°C)에서 반영구적인 보존을 목표로 하는 장기 보존이 있다. 이러한 저온 저장 방법은 저장 후의 생존율 향상과 간편한 저장 방법의 개발, 저장 중의 에너지 절약이 과제가 되고 있으며, 현재도 연구가 진행되고 있다.

칼럼 9 | 레이저 빛으로 세포를 잡는 광학 핀셋법

광학 핀셋법은 대물 렌즈의 가운데를 통해 집광된 레이저 광으로, 세포를 조사했을 때 발생하는 힘들의 합(그림 13.7 오른쪽)에 의해 세포의 투명한 미세입자를 잡아 자유롭게 움직이는 기술이다. 빛을 사용하기 때문에 생물 시료의 손상 없이, 세포를 1개씩 쉽게 다룰 수 있다.

이를 통해 특정 원형질체를 선택하거나 격리된 핵과 목적으로 하는 원형질체를 접착시키는 것도 시행되고 있다. 그림 13.7의 왼쪽 사진은 유리된 담배의 핵을 레이저 광에 포착하여, 근처에 있는 담배 원형질체와 접착시켜 원형질체와 분리된 핵의 융합을 시도한 것이다. 가운데의 사진은 원형질체와 접착한 분리된 핵을 나타내고 있다.

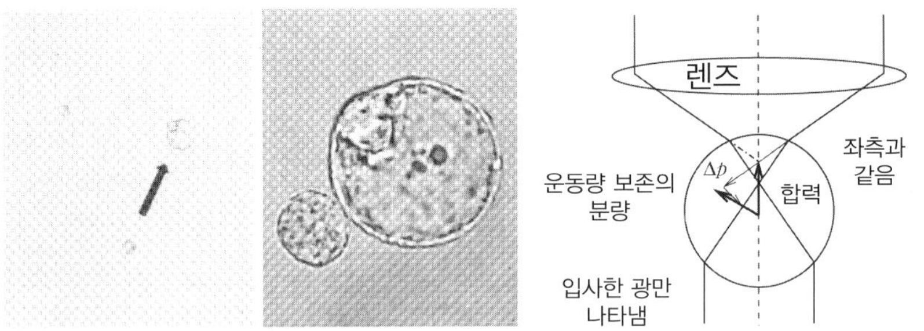

그림 13.7 광학 핀셋법에 의한 담배 분리 핵과 담배 원형질체의 접착.

14장 염색체 · 게놈 공학

14.1 염색체 · 게놈의 식별 · 동정

이 장에서는 개별 유전자가 아니라 다수의 유전자가 늘어선 염색체와 염색체의 기능적인 집합 단위인 게놈 조작에 대해 설명한다. 그러기 위해서는 대상으로 하는 염색체와 게놈을 식별해서 분류하는 것이 필요하다. 식별이란 대상이 되는 염색체와 게놈을 다른 염색체 또는 게놈과 구별하는 것이며, 동정이란 대상이 되는 염색체와 게놈을 특정하는 의미이다. "벼의 A 염색체를 다른 벼 염색체로부터 식별해서, A 염색체를 벼의 제5염색체라고 동정했습니다"와 같이 사용한다. 각각의 염색체를 형태적인 측면에서 분석하는 것을 핵형 분석이라 한다. 핵형 분석에는 염색체의 특징이 현저하게 나타나는 시기를 선택하는 것이 중요하다. 벼와 같은 소형 염색체(S 염색체)의 식별 · 동정 및 분석은 체세포분열 전에 중기의 염색체 또는 감수분열 태사기(비사기, pachytene stage)의 염색체가 주로 사용되며, 보리와 같은 대형 염색체(L 염색체)에서는 체세포분열 중기의 염색체가 주로 사용된다(그림 14.1).

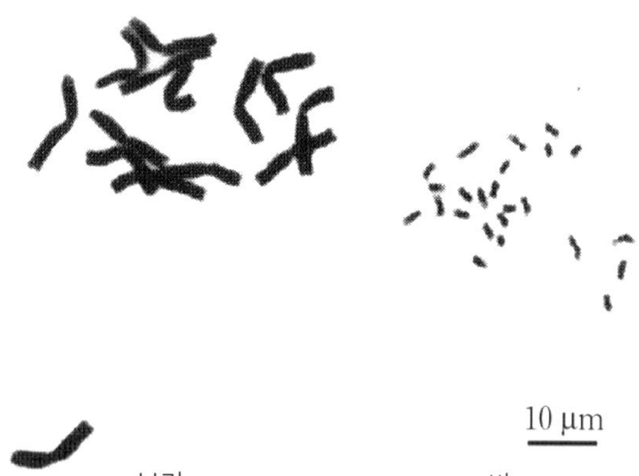

그림 14.1 같은 배율에서 본 보리($2n$ = 14)와 벼($2n$ = 24)의 체세포분열 중기 염색체.

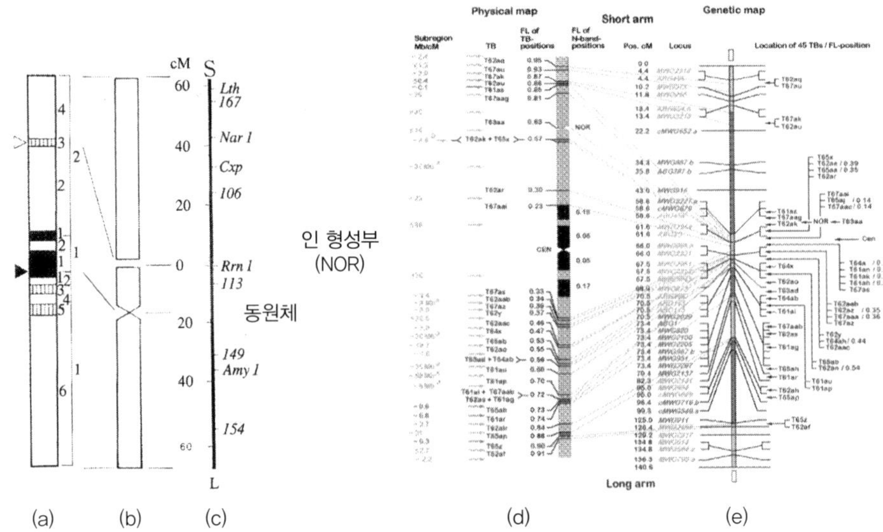

그림 14.5 a : 보리 H6 염색체의 염색체 지도, b : 조환가에 근거한 염색체 지도, c : DNA 마커에 의한 연관 지도(Fukui et al., 1990), d : H6 염색체 상의 DNA 마커의 물리적 위치를 H6 염색체의 각종 전좌 계통을 이용하여 밝혀낸 물리 지도, e : 연관 지도(Künzel et al., 2000 일부 변경). a의 ▼▽은 각각 동원체와 인 형성부(NOR)의 위치를 나타냄.

염색체를 강한 응축 부분, 약한 응축 부분, 비응축 부분과 같이 세 부분으로 나누는 염색체 지도가 완성된다. S 염색체를 갖는 벼의 핵형도(그림 e)를 비롯해, 사탕수수, 배추, 양배추, 유채, 애기장대, 벌노랑이, 시금치 등에서 염색체 지도가 만들어지고 있다.

그림 14.5에 보리 6H 염색체의 N 분염 그림을 화상 해석한 정량적 염색체 지도(그림 a)와 조환가에 근거하여 염색체 지도(그림 b)를 나타낸다. 일부 DNA 마커(8.2절)을 사용한 연관 지도(그림 c)와 비교하여 보면, 연관 지도는 염색체 영역별 조환가의 차이로 인해 반복 서열 부분의 길이가 과대 평가되어 있는 것을 알 수 있다. 한편, 단완 부분의 길이는 과소 평가되어, 연관지도는 전체적으로 보리의 실제 염색체에서 크게 동떨어진 것이 되고 있다. 또한 전좌 염색체의 절단점을 이용하여 제작된 물리 지도(그림 d)와 최근의 연관 지도(그림 e)를 비교하면, 각 지도가 가지는 특징이 잘 이해된다.

일반적으로 감수분열시의 교차는 동원체 영역 등과 같은 많은 이질염색질에서는 억제된다. 반면, 유전자가 많은 있는 염색체 영역, 특히 말단 부분에서는 교차가 촉진되는 것으로 알려져 있다. 보리에서 일반적으로 볼 수 있듯이, 염색체의 양 말단에 많은 유전자가 있고, 염색체 양쪽 말단부에서의 조환가가 높아진다

(Fukui et al., 1990, Künzel et al ., 2000).

b. 염색체 이상을 이용한 염색체 지도

염색체 이상 계통을 이용한 염색체 지도에는 이수체를 이용하거나, 염색체 부분 결실 계통이나 전좌(그림 14.5)를 이용하는 것이 있다. 보통 밀은 다양한 조합으로 이루어진 수많은 이수체 계통이 유지되고 있다. 상동 염색체 중 하나가 없는 것을 Monosomic line이라 한다. 또한 상동 염색체 중 단완 혹은 장완의 한 쌍이 결손된 것을 Ditelosomic line이라 하고, 상동 염색체 한 쌍이 없는 대신에 다른 상동 염색체 한 쌍을 추가로 갖는 것을 Nulli-tetrasomic line이라 한다. 이러한 염색체 이상 계통을 사용하면 목적하는 유전자가 어떤 염색체의 단완 혹은 장완에 존재하고 있는지 알 수 있다.

보통 밀은 또한 특정 야생종과 교잡하는 것에 의해서, 보통 밀 염색체에 부분 염색체 결실이 유발된다. 염색체의 각 팔에 대해 다양한 결실 영역을 가지는 계통이 만들어져, 이러한 결실 계통에서 특정 유전 형질과 DNA 마커(8.1~8.4절)의 유무를 조사한다. 그러므로 목적으로 하는 유전 형질과 DNA 마커가 염색체의 어느 위치에 존재하는지 알 수 있기 때문에, 물리적으로 자리매김할 수 있다. 동일한 방법으로 보리는 전좌 계통을 이용하여 많은 DNA 마커를 자리매김한 염색체 지도가 제작되고 있다(그림 14.5d, e).

c. FISH법을 이용한 염색체 지도

FISH법은 다양한 유전자를 염색체 상에 물리적으로 자리매김해서 시각화에 의한 위치를 검출함에 따라 유전자의 서열 순서 결정 및 염색체의 식별·동정에 사용되었다. 최근에는 DNA 섬유 수준에서의 유전자 검출 등 고해상의 시각화 기술로 발전하고 있다(1.6절 b).

농업에서 유용한 유전자를 포함하는 DNA 클론과 연관하고 있는 DNA 마커의 염색체 상의 위치를 FISH법에 의해 검출하는 것이 가능하게 되면서, 도열병 저항성 유전자(*Pi-b*)를 포함하는 박테리아 인공 염색체(BAC) 클론은 벼 제2염색체 장완의 말단부에 위치하고 있다는것을 알게 되었다(그림 14.3a). 또한 벼의 연관 지도와 염색체 지도의 비교에 의해 제2염색체에서는 연관 지도의 위쪽이 장완에 해당되고, 아래쪽이 단완에 해당된다는 것이 밝혀졌다.

14.3 게놈 분석과 게놈 해석

a. 게놈 분석

게놈은 생물 기능의 유지에 필수적인 염색체 조합이다(2.4절). 종자가 가진 게놈의 종류를 명확하게 하는 것을 게놈 분석이라 하는데, 키하라(1930)의 밀과 그 근연종을 이용한 세포 유전학적 연구에서 확립된 것이다(2.4절 c). 게놈 분석은 감수분열에서 염색체의 접합 양식, 심지어 최근에는 GISH 법이나 Genomic southern법을 사용하여 게놈 간의 상동성을 조사함으로써 이루어진다. 게놈 분석을 통해 게놈의 상동성과 게놈 구조가 명확하게 되고, 종의 내력, 종 분화 등에 대한 기본적인 정보를 얻을 수 있다.

b. 게놈 해석

게놈 해석은 종이 가지고 있는 게놈 DNA의 전체 염기서열을 해독하고, 그 기능을 명확하게 하는 것을 목적으로 한다(2.5절). 게놈 해석은 DNA 마커를 이용한 연관 지도 제작, 다양한 DNA 라이브러리 구축 및 그에 포함된 클론의 정렬화에 의한 물리적 지도 제작, 심지어 개별 클론의 염기서열의 결정과 그 연결에 의한 게놈 전체의 염기서열을 명확하게 하는 방법이 일반적이었다. 클론의 정렬화는 DNA 라이브러리에 포함된 수많은 클론 중에서 특정 염색체에 포함된 클론을 선택하고, 이 클론들을 염색체 상의 위치 순으로 다시 정렬하는 것이다. 이를 위해 삽입할 수 있는 DNA 영역이 매우 큰 효모 인공 염색체(YAC)와 세균 인공 염색체(BAC) 라이브러리가 사용되어지고 있다.

현재는 차세대 DNA 염기서열 결정 장치의 개발을 통해 염기서열의 해독이 효율적으로 빠르게 진행되고 있다. 전체 게놈 DNA의 몇 배나 되는 양도 무작위적으로 절단된 짧은 DNA 조각을 내서 읽은 후, 컴퓨터를 사용하여 염기서열 정보를 합치는 방법으로, 전체 게놈 서열을 해독하는 방법이 일반적이게 되었다. 이를 whole genome shotgun sequencing법이라고 부른다. 이 방법에서는 반복 서열이 많이 포함되어 있는 영역의 DNA 서열을 정확하게 읽는 것이 곤란하다. 그러나 반복 서열의 배열 정보보다 유전자의 서열이 일반적으로 중요하기 때문에 이러한 게놈 분석 방법이 많이 사용되고 있다.

게놈 해석은 출아 효모, 분열 효모, 남조류 등을 비롯해 많은 미생물에서 진행되었다. 동물은 사람과 돼지, 닭 등의 가축 그리고 쥐, 선충, 자주 복 등에서 게놈 해석이 완료되었다. 식물에서는 애기장대(2.5절 a), 벼(2.5절 b), 벌노랑이(2.5절 c), 대두(2.5절 c) 옥수수, 토마토, 파파야, 기름야자, 자트로파, 포도, 보리, 바나나 등 경제적 또는 학술적으로 의의가 있는 많은 종에서 진행되었다.

c. 전체 게놈 해석을 이용한 육종법

출수기・개화기, 간장(화본과 식물의 줄기 길이)・초장, 수량, 포장 저항성 등과 같은 중요한 농업 형질은 양적 형질(8.3절)이고, 하나의 형질에 여러 유전자가 관여하므로, 개별 유전자의 기능을 표현형으로서 구분하여 파악하기는 어렵다. 기존의 양적 유전에 관여하는 유전자는 통계적으로 이해되어 왔지만, 현재는 이러한 양적 형질에 관여하는 유전자군에 대해서도 게놈의 각 위치를 동정하고, 양적 형질의 육종을 효율적으로 진행하는 방법이 가능해졌다. 이와 같은 기여를 한 요인 중 하나는 차세대 시퀀서의 개발이며, 이로써 전체 게놈 서열의 해독이 쉽게 된 것이다.

이러한 방법 중 하나인 MutMap법을 설명한다. 우선 우량 품종의 양적 형질에 관한 돌연변이체, 예를 들어 우량 품종을 대상으로 방사선 및 화학 돌연변이 유발원(γ 선, EMS 등)의 돌연변이 처리하여 짧은 줄기(단간)의 변이체를 생산하게 된다(6.1절). 그 다음에는 원품종과 목적으로 하는 형질을 갖는 돌연변이체 사이에서 교배를 실시하여 잡종 1세대(F_1)를 얻고, 그 이후 F_1의 자식을 통한 F_2을 얻는다. 그리고 원품종과 F_2 집단에서 짧은 줄기의 표현형을 나타내는 여러 돌연변이 집단에서 각각 DNA를 꺼내 원품종의 DNA 서열과 혼합한 각 돌연변이체의 DNA 서열을 해독한다. 혼합된 돌연변이의 DNA에 관해서는 그 작물이 가진 DNA 양의 10배 이상에 해당하는 서열을 해독한다.

원품종과 돌연변이체군의 게놈 서열 정보를 얻으면, 원품종의 게놈 서열 정보에서 한 염기만 서열이 다른 SNPs(8.1절)를 돌연변이체의 게놈 서열 중에 검색한다(16.2절 c). SNPs가 발견되면, 그것이 돌연변이의 표현형과 어느 정도 연관되어 있는지를 판정한다. 즉, 검출된 특정 SNP가 돌연변이체에서만 감지되는 것이라면, 그 SNP는 표현형과 밀접하게 연관되어 있다. 따라서 그 SNP는 게놈에서 그 표현형을 나타내는 유전자 내에 존재하거나 그 근방에 위치하고 있을 가능성이 높다고 할 수 있다.

단간성(짧은 줄기 특성)과 밀접하게 연관된 SNPs이며, 다른 단간 계통에서도 이러한 SNPs가 표현형과 연관하고 있는 것으로 확인되면, 그들은 단간성이라 하는 양적 형질의 DNA 마커로서 사용할 수 있고, 제8장에서 언급한 DNA 마커에 의한 육종을 효율적으로 진행할 수 있다. 이 방법을 사용하여 일본에서는 2012년부터 소금기가 많은 간척지 등에서 재배할 수 있는 내염성 벼의 육종이 시작되고 있다(Abe *et al.*, 2012).

d. 비교 유전체학

비교 유전체학이란 각종 식물의 게놈 서열로부터 근연 식물 종 사이의 게놈이 가지는 특징을 연구하는 분야이다. 이에 따라 근연 종 사이의 게놈의 특징이 떠오르게 되었다. 그림 14.6은 벼과 식물종의 비교 유전체학을 위해 사용되는 비교 유전체 지도이다. 그림의 중심에 위치한 벼 염색체의 DNA 마커 중 모든 종에서 공통적으로 발견되는 것을 앵커 마커(Anchor marker)라고 부른다. 이러한 앵커 마커가 각 종의 연관 지도상의 어느 위치에 있는지를 비교하고 검토하면 5종류

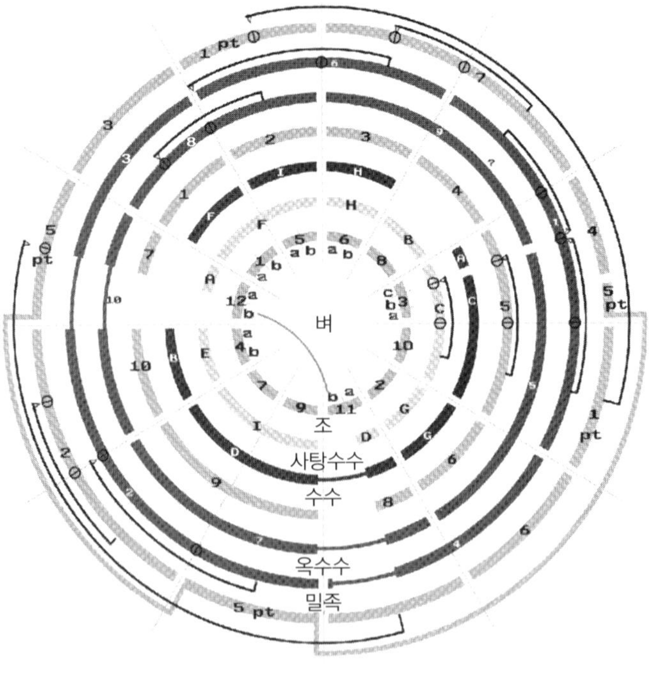

그림 14.6 벼과 식물 6종의 비교 게놈 지도. 안쪽부터 벼, 조, 사탕수수, 수수, 옥수수, 밀족. 숫자와 알파벳은 염색체, pt는 분할된 염색체, (−)는 염색체에서 삽입과 관계된 절단이 발생된 부분, 화살표 ( )는 삽입이 발생한 위치를 나타낸다. 벼의 a,b,c,는 연관된 유전자군을 나타내고, 선으로 묶인 11b와 12b는 중복된 영역이다.

의 벼과 식물(조, 사탕 수수, 수수, 옥수수, 밀족)의 DNA 마커에 의한 연관 지도에서 이배체는 하나의 링으로 배치하고, 사배체는 2개의 링으로서 배치할 수 있다. 이 링은 동심원 모양으로 다시 정렬되는 것이 분명해졌다.

그림 14.6은 이러한 연관 지도를 게놈 크기가 작은 것부터 안쪽에서 바깥쪽으로 정렬한 것이다. 이 그림에서, 벼의 제1염색체의 2개의 연관군 a, b는 조의 F 연관군의 일부로 되어 있고, 사탕수수와 수수의 F 연관군 및 제1연관군에 대응하여, 사배체 옥수수의 제3 및 8연관군의 일부의 일부가 되었고, 밀족(이 경우는 D 게놈)의 제3연관군에 해당하는 것을 알 수 있다. 또한 옥수수 제8연관군에는 같은 염색체 중에서 전좌가 발생하는 것도 마커 해석에서 나타나고 있다.

비교 유전체학에 의해 염색체의 일부 영역 또는 전체에서 종간에 공통되는 마커가 존재한다는 것과 다른 종에서도 유전자가 거의 같은 위치에 있는지(Co-linearity, Synteny)가 명확하게 밝혀졌다. 이를 통해 벼과 식물이 공통된 조상으로부터 유래되었다는 것이 직접 입증되었다. 또한 동시에 벼과 식물에 공통 유전자의 염색체 상 배열의 특징을 명확하게 하여 벼과 식물에 공통된 유전자의 위치를 예측하게 된다. 예를 들어, 내병성 유전자가 다른 종에서는 어떤 염색체의 어느 영역에 있는지를 예측할 수 있게 된다. 이는 진화상으로 근연종이며 가급적 작은 게놈을 가진 식물의 게놈 해석이 중요한 의미를 갖는 이유이다.

14.4 염색체 수의 조작

염색체는 유전 정보를 담고 있기 때문에, 이전부터 염색체를 조작하여 식물체의 유전 형질을 원하는 방향으로 변화시키는 것이 많이 시도되었다. 염색체 수의 조작은 염색체 수의 배가, 이수화 및 반수화와 같은 3종류가 있다. 염색체 수의 배가는 영양 기관이나 화기(花器)의 거대화를 목적으로 콜히친 등의 화학 약품을 사용하여 세포 분열을 저해하고, 핵의 염색체 수를 배가시킴으로써 이루어진다(9.1절).

염색체 수를 인위적으로 배가한 식물을 인위적 배수체라고 부른다. 인위적 배수체에는 동종 게놈으로 이루어진 인위적 동질배수체와 이종 게놈을 포함하는 인위적 이질배수체가 있다. 인위적 이질배수체는 다른 게놈을 가진 양친의 잡종 염색체를 배가하는 방법, 또는 양친 종을 미리 배가하여 동질배수체를 얻은 후에 그 종간 잡종을 만드는 방법으로 제작된다. 인위적 배수체에 비하여 자연적으로 발견된 배수체를 자연 배수체라고 부르며, 감자(AAAA, 동질 사배체), 유채(AACC 이질 사배체, 복 이배체라고도 함), 고구마(BBBBBB, 동질 육배체), 빵 밀(AABBDD, 이질

육배체)처럼, 많은 자연 배수체가 재배 식물 속에서 알려져 있다(3.2절).

염색체 수를 감소시키는 방법은 약 배양이나 원연 교잡법에 의한 반수체 획득에 의해 크게 발전했다. 한편, 이수체는 염색체 수가 많고 영양 번식을 하는 종에서는(예 : 사탕 수수) 유용한 형질을 나타낼 수 있다(9.4절).

a. 약 · 화분 배양법

약 배양은 무균적으로 꺼낸 꽃밥을 배지에서 배양함으로써, 화분에서 식물체를 재생시켜 반수체를 제작하는 방법이다. 약 배양법은 성숙한 화분이 되기 전 단계인 4분자기부터 1핵성(1核期)의 화분(특히, 단일핵의 조건)이 배양에 적합하다고 알려져 있다. 또한 약 배양 전에 꽃밥을 일정 기간 동안 고온이나 저온 조건에 두는 것이 부정아와 캘러스의 유도에 효과적이라는 보고도 있다. 예를 들어,

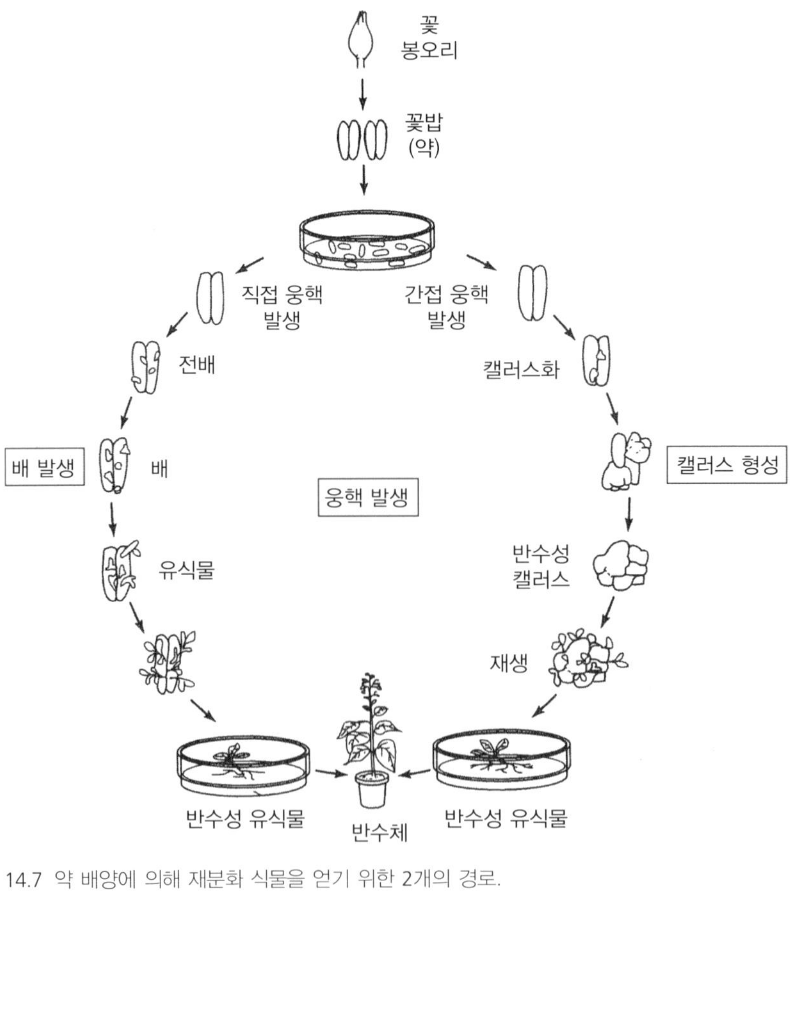

그림 14.7 약 배양에 의해 재분화 식물을 얻기 위한 2개의 경로.

십자화과 식물에서 35°C에 1~3일, 벼와 빵 밀, 담배는 5°C에서 1주일 정도 저온 처리하는 것에 의해 반수체의 선발 효율이 높아진다.

배지의 종류나 배지 조성도 효율적으로 반수체를 만드는 데에 중요한 요소이다. 벼의 약 배양을 위해 질소원을 최적화한 N_6 배지(표 13.1)는 벼과 식물의 배양에 널리 사용되고 있다. 또한 배지에 고농도의 자당(10%) 첨가는 화분으로부터의 부정아와 캘러스의 유도 비율이 높아진다는 보고도 있다.

약 배양에 의한 식물체 재생에는 두 가지 경로가 알려져 있다. 하나의 경로는 화분립에서 직접 배양체가 분화하는 경우(담배, 배추, 유채)이며, 다른 하나는 화분립에서 캘러스를 형성하고, 그 캘러스로부터 부정아가 형성되어 식물체가 분화하는 경우(벼, 감자, 아스파라거스)이다(그림 14.7). 재생된 반수체는 일반적으로 콜히친 처리에 의해 염색체 수가 배가되지만, 벼는 식물체의 재생 과정에서 염색체 수가 자연적으로 배가하여 이배체가 되는 경우가 많다.

약 배양은 꽃가루 이외의 꽃밥 조직, 약벽세포, 수술대 등 부모 식물의 체세포가 배지에서 세포 분열을 시작하여 이배체 식물이 재생하는 경우도 있다. 그러므로 확실히 반수체를 얻기 위해 꽃밥에서 화분립만을 분리하여 배양하는 것이 고안되었다. 이미 벼, 유채, 배추 등 많은 식물 종의 화분에서 반수체를 얻을 수 있다. 이 방법을 화분 배양이라 한다. 유채의 경우, 약배양은 자당 농도를 13%로 매우 높게 설정한 배지(개량 NLN 배지, 표 13.1)를 사용하여 1핵성 기간 후기의 화분에 3~5일간 32°C 정도의 고온 처리를 실시하면 부정아를 거쳐 반수체를 얻을 수 있다. 그림 14.8에는 왼쪽부터 분열을 시작한 유채 꽃가루, 형성된 다양한 단계의 부정아와 얻어진 반수성 식물체를 나타낸다.

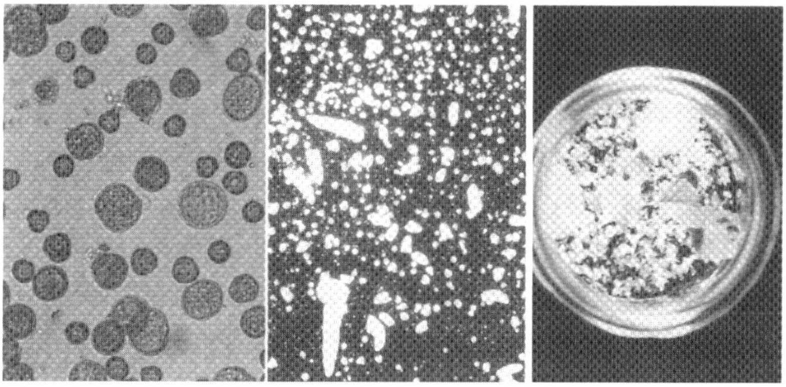

그림 14.8 유채의 화분배양 (大川 오오카와, 1988). 왼쪽부터 분열 중의 화분, 부정배, 재분화 식물을 나타낸다.

공 염색체는 일반적인 벡터(15.1절 c)가 수 킬로염기에서 수십 킬로염기의 DNA 밖에 유지할 수 없는 것에 비해, 훨씬 많은 양의 외래 DNA를 그 안에 저장할 수 있다. 따라서 인공 염색체는 거대한 DNA를 저장하는 DNA 라이브러리를 만드는 데 사용되고 있다.

다수의 유전자를 동시에 이식하고 안정적으로 유지하기 위해, 현재 식물 유래의 동원체와 텔로미어를 가지고 식물 세포 내에서 독립적인 염색체로 작동하는 식물 인공 염색체의 구축이 진행되고 있다(Teo et al., 2011).

칼럼 10 | 형태와 물질을 보는 현미경

인간의 오감으로부터 얻는 총정보량의 70~80%는 시각으로부터 받아 들여지는 것으로 알려져 있다. 현미경 기술의 발전이 생명과학의 기반이 되어 왔던 하나의 큰 이유이다. 현미경은 인간의 눈에서 보이지 않는 작은 물체를 확대한다는 목적에서 시작하여 형광 검출(형광 현미경) 투명한 물체의 관찰(미분 간섭 현미경, 위상차 현미경) 대상물의 3차원적 관찰(공초점 현미경)으로 발전해 왔다. 이러한 현미경의 발달로 인해 염색체 연구도 큰 발전을 보였다.

현재는 물체를 염색하지 않고서, 살아 있는 상태를 3차원으로 관찰할 수 있으며, 대상물의 형태뿐만 아니라 거기에 존재하는 물질을 식별할 수 CARS(Coherent Anti-Stokes Raman Scattering, 간섭성 반스톡스 라만 분광계) 현미경, SRS(Stimulated Raman Scattering, 유도 라만 산란) 현미경 등이 새롭게 개발되고 있다(Ozeki et al., 2009). 또한 새로운 현미경은 특정 물질을 볼 수(화학 선택성) 있다. 예를 들어, SRS 현미경을 사용하면 유지 식물 종자에 축적된 기름이 어떻게 분포하고 있는지를 직접 시각화할 수 있다.

또한 공간 분해능을 100 nm와 기존 것들의 2배까지 향상시킨 구조화 조명 현미경(SIM) 등 새로운 고해상도의 광학 현미경이 개발되고 있다. 전자 • 이온 현미경 분야에서는 코팅 없이 옹스트롬 수준의 공간 분해능을 달성한 헬륨 이온 현미경(HIM), 집속 이온빔(FIB)에 의한 시료의 절단과 단면의 주사 전자 현미경(SEM)에 의한 관찰을 가능하게 한 집속 이온빔 / 주사 전자 현미경(FIB/SEM) 등 새로운 현미경이 개발되고 있다. 프로브 현미경 분야에서는 탐침과 시료에 작용하는 원자 간의 힘을 검출하고 나노 수준의 표면 형상을 용액 중에도 고속으로 화상화하는 원자힘 현미경(AFM)이 개발되고 있다.

15장 유전자 공학

15.1 유전자 공학의 기본 방법

a. DNA의 기본 기술(추출, 절단, 결합, 겔 전기영동법, Sourthern blot, 염기 배열의 결정)

식물 세포의 DNA는 대부분 지질 이중막으로 둘러싸인 세포 핵 안에 있으며, 세포질 내 엽록체와 미토콘드리아 안에도 전체 몇 % 이하의 DNA가 존재하고 있다. 이러한 DNA를 분석하고 조작하기 위해서는 먼저 DNA 분자를 세포로부터 꺼낼 필요가 있다. DNA의 추출 방법은 여러 가지가 있으나, 셀룰로오스 및 리그닌을 포함하는 조직이나 세포벽을 기계적으로 파괴한 뒤에, 계면 활성제로 핵막을 녹여 핵 내 DNA를 고분자의 상태로 꺼내는 것이 기본이다.

이전부터 사용되고 있는 CTAB법에서는 먼저 잎 등의 조직을 액체 질소로 재빠르게 동결시켜 차갑게 한 막자사발과 플라스틱 튜브 속에서 잘게 부수고, 짓눌린 잎 조각에 계면 활성제(cetyl trimethyl ammonium bromide, CTAB), 염화나트륨 및 DNA를 분해하는 효소의 작용을 중지시키는 EDTA를 함유한 용액을 첨가한다. 그 후 튜브를 잠시 천천히 진탕하면 핵막이 녹게 되어, 고분자의 DNA가 용액 속으로 용출된다. 그 용액에 클로로포름(chloroform)과 이소아밀알코올(isoamyl alcohol)을 혼합한 용액을 동량 첨가한 후 원심분리하여 단백질과 세포 파쇄물을 제외한 상등액을 모은다.

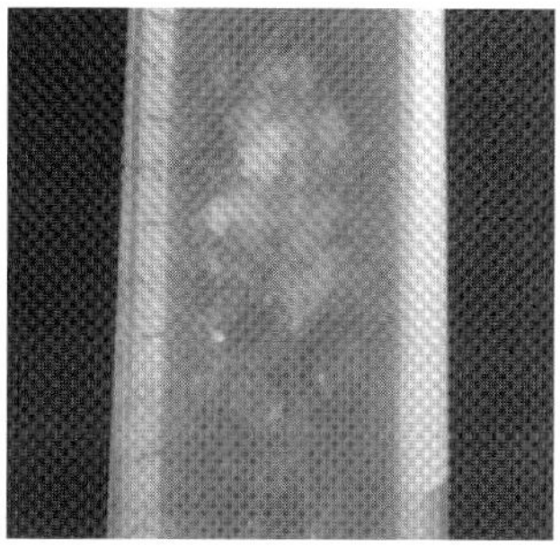

그림 15.1 브로콜리에서 추출한 고분자 상태의 DNA 분자.

같은 작업을 반복하여 상등액을 정제한 후, 상등액에 DNA를 침전시키기 위한 완충액를 추가한다. 또한 혼합된 RNA를 제거하기 위하여, 이 단계에서 RNA 분해효소를 첨가하여 RNA

를 분해한다. 그 후 에탄올을 첨가하면 DNA는 보풀 모양으로 추출할 수 있다(그림 15.1). 이것을 가는 플라스틱 막대 등으로 감아 회수한다. CTAB법을 브로콜리의 DNA 추출에 이용하면, 대량의 DNA를 얻을 수 있다. 시판되는 DNA 추출 키트 중에서는 종이 카드를 잎에 대고 꾹 누르는 것만으로도 DNA 추출이 가능한것도 있다. 특히 이 방법은 야외에서 DNA를 추출 및 보관하는 데 편리하다. 추출할 수 있는 DNA 양은 적지만, 다음에 설명하는 PCR 법에 사용하는 것도 가능하다.

추출된 DNA 분자는 수백만 ~ 1000만 염기쌍(bp) 이상의 길이이며, 필요 없는 부분도 많이 포함하고 있기 때문에, 다음 단계에서는 연구 및 육종에 필요한 영역을 자르는 것이 필요하다. 초음파 및 고온에서 처리하면 DNA가 잘게 절단되므로 후속 실험에 사용하는 것이 어렵다. 그러므로 세균의 균체 내에서 만들어지는 제한효소가 사용된다. 제한효소는 DNA를 특정 염기서열에서 절단하는 효소이며, 외부로부터 침입해 오는 파아지 등의 바이러스 DNA를 절단하고, 세균으로의 감염을 제한하고 있다고 생각된다. 500개 이상의 제한효소가 발견되었으며, 각각 절단하는 DNA 서열이 정해져 있기 때문에 유전자 조작에 필수적인 효소이다.

1972년에 대장균 RY13주에서 분리되고 정제된 제한효소는 대장균의 학명 *E.coli*와 RY13주의 R을 이용하여 최초의 제한효소로써 *Eco*RI로 명명되었다. 제한효소의 대부분은 DNA 중 4~8 염기로 구성된 Palindrome이라고 불리는 DNA 영역을 인식하고, 그 부위 또는 그 근방의 DNA를 절단한다. Palindrome은 회문이라는 의미이며, DNA의 두 가닥을 5′ → 3′ 방향으로 읽었을 때 동일한 배열이 되는 것을 말한다. *Eco*RI는 DNA 중에 GAATTC라는 6개의 염기서열이 있으면, 그 서열을 선택적으로 인식하고, 첫 번째 G와 A 사이에서 DNA를 절단한다. 표 15.1에는 자주 사용되는 제한효소 및 그 인식 서열과 절단 양식을 정리했다.

한편, DNA 리가아제는 절단된 DNA의 말단을 다시 결합하는 효소이다. 제한효소와 함께 사용하면 추출된 DNA 분자의 특정 부위를 절단하고 다른 DNA 분자와 연결할 수 있다. 이 두 효소가 DNA 분자의 가위와 풀이라고 불리는 이유이다.

추출한 긴 DNA 분자는 제한효소로 절단하여 짧은 단편이 되며, 겔 전기영동법을 사용하면 이 조각을 각각의 길이의 순으로 나열할 수 있다. 여기에는 아가로오스(정제한 한천) 등의 고분자 겔을 사용한다. 두께가 1 cm 정도 이하의 고분자 겔의 판을 만들고, 그것을 DNA 분해효소의 억제제 등을 포함한 완충액에 침강시킨다. 그 겔의 어느 한쪽 말단에 홈을 만들고, 분리하고자 하는 DNA 단편의 집단을 피펫 등을 사용하여 흘려 넣는다. 홈이 있는 쪽은 마이너스(−)가 되게 하

표 15.1 각종 제한효소와 인식 서열 및 세균 명.

제한효소	인식서열	세균명
Alu I	5′…AGCT…3′ 3′…TCGA…5′	*Arthrobacter luteus*
*Bam*HI	5′…CGATCC…3′ 3′…CCTAGG…5′	*Bacillus amyloliquefaciens* H
*Eco*RI	5′…GAATTC…3′ 3′…CTTAAG…5′	*Escherichia coli* RY13
*Hind*III	5′…AAGCTT…3′ 3′…TTCGAA…5′	*Haemophilus influenzae* Rd
Not I	5′…GCGGCCGC…3′ 3′…CGCCGGCG…5′	*Nocardia otitidis-caviarum*
*Pst*I	5′…CTGCAG…3′ 3′…GACGTC…5′	*Providencia stuartii* 164
*Sau*3AI	5′…GATC…3′ 3′…CTAG…5′	*Staphylococcus aureus* 3A

고, 그 반대편은 플러스(+)가 되도록 겔에 일정한 전압을 걸면, 마이너스인 DNA 분자는 짧은 것일수록 홈의 위치에서 반대편으로 빠르게 이동한다. 그 결과, DNA 분자는 크기 순으로 분리할 수 있다. DNA에 특이적으로 결합하는 형광색소, 예를 들어 에티디움 브로마이드(EtBr)으로 DNA를 염색하여 자외선을 조사하면, 영동된 동일한 길이의 DNA 분자 집단을 줄무늬 형태로 볼 수 있다(그림 15.2). 식물 세포에서 추출한 긴 DNA를 제한효소로 절단하면 수많은 다른 길이의 짧은 DNA 조각이 만들어져, 겔 전기영동법에서 길이 순으로 정렬해도 목적으로 하는 유전자를 포함하는 DNA 단편을 찾아내는 것은 어렵다. 그런 경우, 겔이 크기 순으로 분리된 DNA 단편을 나일론 막 등의 박막으로

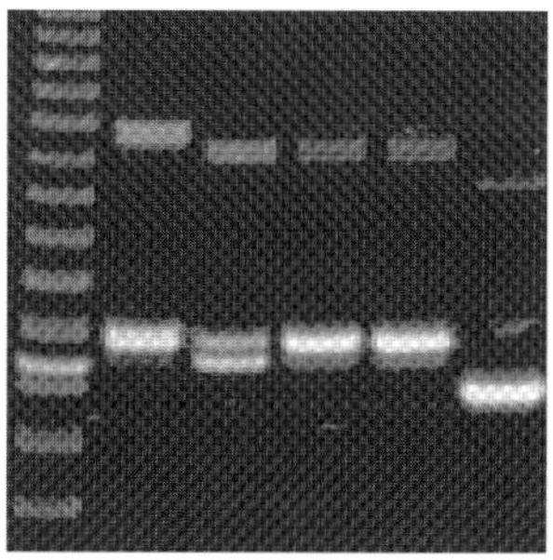

그림 15.2 전기영동에 의해 다양한 길이를 갖는 자트로파의 DNA 분자.

옮겨, 목적으로 하는 DNA 단편을 검출하는 방법이 있다. 이 방법은 먼저 전기영동에서 DNA를 길이 별로 분리하고 분리한 DNA 단편을 겔마다 알칼리 용액에 붙이면 DNA 분자는 변성하여 단일가닥이 된다. 그 후, 단일가닥 DNA를 흡착하는 박막을 겔에 밀착시켜 모세관 현상을 이용해서 겔의 DNA 단편을 박막에 흡착시킨다. 그 결과, 단일가닥 DNA 분자는 겔의 위치를 바꾸지 않고 박막에 전사된다. 여기까지의 단계를 서던 블롯(Southern blot)이라고 부른다.

다음은 검출하고자 하는 DNA 서열과 상보적인 염기서열을 가진 단일가닥 DNA를 준비하고, 또한 알칼리 포스파타제 등의 화학 물질로 표식한다. 이것을 Probe DNA 또는 단순히 probe라고 부른다. 프로브를 포함하는 완충액에 단일가닥 DNA를 모사한 박막을 담가, 용액에서 박막의 단일가닥 DNA와 프로브를 수시간부터 밤 사이에 걸쳐서 분자 교잡(하이브리드화)시킨다. 그 결과 프로브는 상보적인 염기서열을 갖는 박막의 DNA만을 재결합(어닐링)하여 이중가닥 DNA를 형성한다. 이중가닥을 형성하지 않은 나머지 프로브를 씻어낸 후 알칼리 포스파타제 등을 사용하여 발색이나 형광을 검출하면, 목적으로 하는 DNA 서열을 포함하는 DNA 단편의 겔 상의 위치가 쉽게 파악되므로, 겔에서 그 부분을 잘라내면 목적으로 하는 DNA가 회수될 수 있다. 이러한 절차를 southern hybridization라고 부른다.

이 일련의 과정을 서던 블롯법이라 부르며, DNA의 분자를 특정하는 데 간편하고 효과적인 방법이어서 널리 사용되고 있다.

제한효소에 의해 잘라낸 DNA의 염기서열을 읽으면, 그 영역이 전사된 경우에는 mRNA(메신저 RNA)의 염기서열을 추정할 수 있고, 번역된 경우에는 폴리펩티드 사슬의 아미노산 서열(2.1절)을 추정할 수 있다. 따라서 DNA의 염기서열은 그 후의 유전 분석을 진행하기 위한 기본적인 정보가 된다. DNA 단편의 염기서열을 분석하기 위해서는, 생어법(sanger sequencing method; 디데옥시법, dideoxy method)으로 대표되는 DNA 중합효소에 의한 합성 반응이 사용되고 있다. 생어법은 DNA 합성의 기질로써 데옥시 뉴클레오티드 3인산(dNTP)과 디데옥시 뉴클레오티드 3인산(ddNTP)을 사용한다. 즉, 4종의 데옥시 뉴클레오시드 3인산을 각각 다른 형광색소로 표지하고 추가하여, DNA의 합성 반응을 실시한다. 그 결과, 예를 들어 염기서열 중의 본래 A의 위치에 ddATP가 dATP를 대신해서 무작위로 들어가게 된다. ddATP가 채워지면 DNA의 합성 반응은 그 위치에서 정지하고 A를 말단에 갖는 DNA 가닥이 합성된다(Chain termination method라고도 불림). 그래서 합성된 다양한 길이의 DNA 가닥을 겔 전기영동법으로 영동하면 A, T, G, C를 각각 말단에 갖는 단일가닥 DNA가 짧은 것부터 순서대로 겔에 나열하게 된다. A, T, G, C에 대응하는 데옥시 뉴클레오티드를 각각의 형광색으로 검출하는 것에 의해 DNA 가닥 중의 염기서열을 읽을 수 있다.

현재는 차세대 DNA 시퀀서(15.1절 e)가 개발되어 있으며, 한 번에 수억~수십억 염기서열을 읽을 수 있게 됨에 따라, 각 개인이나 개체에서 게놈 분석이 가능해졌다. 각기 다른 방법으로 염기서열을 읽는 것이지만, 예를 들어 가역적 염기합성중단법은 생어법에서 사용되는 터미네이터법을 의도적으로 중지하거나 시작할 수 있도록 하여 효율화한 것이다.

b. DNA 라이브러리(Genomic DNA 라이브러리와 cDNA 라이브러리)

특정 생물종의 핵 DNA와 세포소기관 DNA를 짧게 절단하고 가능한 빠진 것이 없도록 모은 것을 도서관에 비유하여 DNA 라이브러리라고 부른다. DNA 라이브러리에는 게놈 라이브러리와 cDNA 라이브러리 2종류가 있다.

게놈 라이브러리는 핵 DNA를 제한효소로 10~1000 kbp 정도의 길이로 잘라서 나누고, 그들을 세균에서 증식하는 소형의 환상 DNA(플라스미드)와 λ 파지 DNA에서 유래한 코스미드(Cosmid)라고 불리는 벡터(유전자의 운반 수단)에 넣어, 대장균이나 파지에 저장된 것이다. 충분한 수의 벡터를 준비하고서 이를 대장균에 포함시키거나 파지를 대장균에 감염시키면 잘게 절단되지만, 그 식물의 모든 게놈 DNA를 갖고 있는 대장균 집단을 형성할 수 있다. 긴 DNA 단편의 저장에는 BAC와 YAC 등의 인공 염색체(14.5절 e)가 벡터로써 사용된다.

예를 들어, 추출한 핵 DNA의 4염기를 인식하여 절단하는 제한효소 *Sau*3A(표 15.1)을 사용하여 부분적으로 분해하면 다양한 길이의 핵 DNA 단편을 얻을 수 있기 때문에, 그들을 *Bam*III으로 절단한 λ 파지 유래의 코스미드 벡터에 재조합하여, 식물 핵 유래의 DNA를 조작한 코스미드를 λ 파지에 패키징한다. 이 λ 파지를 대장균에 감염 시키면 재조합 코스미드를 가진 대장균의 게놈 라이브러리가 된다.

한편, 실제로 발현하는 유전자의 mRNA를 역전사한 cDNA(상보적 DNA)를 모은 것을 cDNA 라이브러리라고 부른다. cDNA 라이브러리의 제작에는 먼저 목적으로 하는 유전자군이 mRNA로서 발현하는 식물 조직에서 mRNA를 회수한 후, RNA로부터 DNA를 합성하는 역전사 효소를 사용하여 mRNA와 상보적인 DNA인 cDNA를 합성한다. 또한 RNA 분해효소를 이용하여 mRNA를 분해하는 동시에 DNA 합성효소를 이용하여 이중가닥 DNA를 합성하고, 플라스미드와 코스미드 등의 벡터에 넣는다. mRNA의 종류와 양은 식물의 조직, 시기에 따라 변동하기 때문에, 목적으로 하는 식물에서 발현되는 유전자를 다 가지고 있는 cDNA 라이브러리를 만들기 위해서는, 뿌리, 줄기, 꽃, 발아 종자, 캘러스 등으로부터 다양한 시기의 재료를 준비하여야 한다. cDNA 라이브러리에서는 발현되는 mRNA의 양이 직접 cDNA의 양으로 반영되기 때문에, 그 시기의 조직에서 많이 발현하는 유전자는 라이브러리에 포함되기 쉬워진다. 라이브러리에 포함된 유전자의 DNA 서열을 일부분 결정한 것을 EST(expressed sequence tag)라 하고, 유용 유전자 탐색 및 DNA 마커의 개발에 도움이 된다. DNA 라이브러리를 만드는 것 자체는 키트화되어 있어 실행하기 쉽다.

DNA 라이브러리는 다음의 유전자 조작의 기본이 되는 것으로, 특정 유전자의 스크리닝, 클로닝 등 많은 연구가 DNA 라이브러리를 사용하여 이루어지고 있다. 또한 멸종 위기종과 희귀종의 전체 DNA를 보유하는 것을 목적으로 한 DNA 라이브러리도 구축되어 있다.

c. DNA의 클로닝과 PCR법

특정 염기서열을 가진 DNA 분자의 수를 늘리는 것을 DNA(유전자) 클로닝이라 한다. DNA 클로닝에는 여러 가지 방법이 있지만, 기본이 되는 방법은 DNA 라이브러리 제작에서도 사용되는 플라스미드를 벡터로 이용하는 것이다. 그곳에 목적으로 하는 DNA를 제한효소와 DNA 리가아제를 사용하여 변형한 뒤, 대장균 등에 도입한 다음 숙주인 대장균을 대량으로 증식시켜서 플라스미드 중 목적으로 하는 DNA도 증폭시킨다는 것이다.

그림 15.3은 대장균의 플라스미드를 이용한 방법을 보여준다. 먼저 복제하는 DNA를 식물 세포에서 추출하여 제한효소로 적당한 크기로 절단한다. 또한 DNA 복제용으로 개발한 플라스미드 벡터를 준비하고 동일한 제한효소로 절단한다. 이들을 혼합한 용액에 DNA 리가아제를 첨가하면, 식물의 DNA 단편을 내장하고 다시 환상의 형태가 된 재조합 플라스미드가 만들어진다.

그런 다음 재조합 플라스미드를 외래의 DNA 분자가 삽입하기 쉽도록 처리한 대장균과 함께 용액에 혼합하면, 플라스미드를 벡터로서 사용할 수 있다. 이와 같은 방법으로 외래 DNA를 가진 대장균을 만들 수 있고, 이러한 생물을 유전자 재조합체 또는 형질전환체라고 부른다. 플라스미드 벡터에는 항생제 저항성 유전자 등의 선발 마커를 미리 넣어두기 때문에, 항생물질을 포함한 한천 배지에서 대장균을 배양하면 형질전환된 대장균 만이 증식하여 콜로니를 형성한다. 그때 균체 내의 벡터도 자기 복제를 하고, 숙주 대장균이 증식하면 숫자가 더욱 늘어

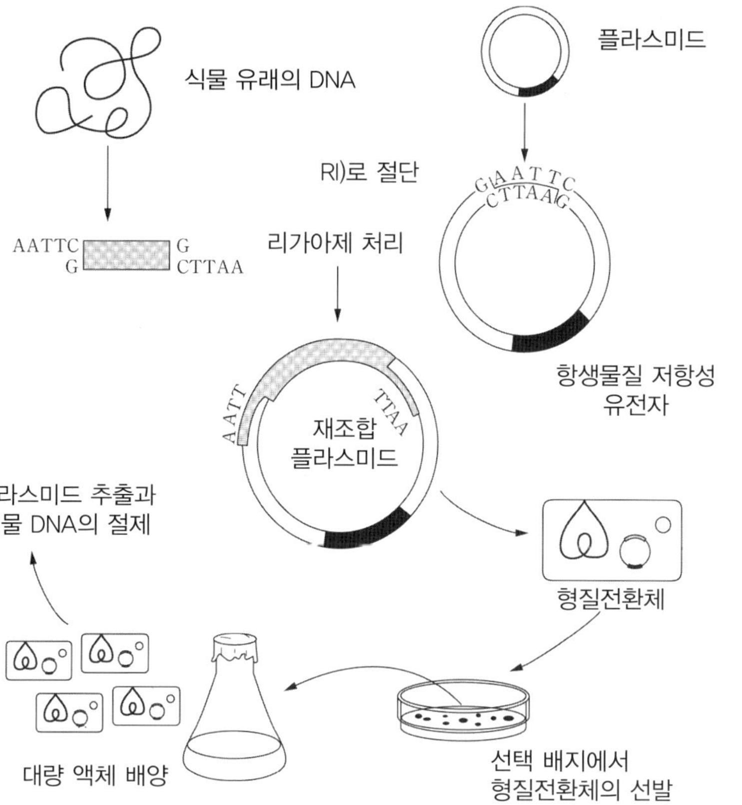

그림 15.3 유전자의 클로닝법.

난다. 그래서 한천 배지에 1개의 대장균 유래의 콜로니로부터 얻은 균체를 배양액 중에서 대량으로 배양하면 특정 식물의 DNA 단편을 갖는 플라스미드를 대량으로 얻을 수 있다. 균체로부터 플라스미드를 회수하고 동일한 제한효소를 사용하여 삽입된 DNA 단편을 잘라내면, 같은 염기서열을 가진 DNA가 대량으로 얻어진다. 즉, 복제할 수 있다.

이상의 생물을 이용한 DNA 복제 방법과는 별도로 마이크로 튜브에서 생화학적으로 DNA를 반복하여 증폭하는 방법이 중합효소연쇄반응(PCR)법이다. PCR법의 특징은 호열균에서 추출한 100°C 가까운 고온에서도 활성을 잃어버리지 않는 내열성 DNA 중합효소(Taq 중합효소 등)와 증폭하고자 하는 DNA의 양단에 상보적이고 20염기 정도의 짧은 단일가닥 DNA인 프라이머라고 불리는 것을 사용하는 것이다. 목적으로 하는 DNA의 합성은 그 밖에도 주형이 되는 DNA와 DNA 합성의 기질이 되는 4종류의 뉴클레오티드를 포함하는 완충액이다.

그림 15.4은 PCR법의 원리이다. 처음에 반응액을 94°C 정도의 고온에 둔다. 그 결과, 주형이 되는 이중가닥 DNA가 단일가닥의 DNA로 변성된다(Denaturation). 다음에 반응액의 온도를 55~60°C 정도까지 낮추면, 단일가닥이 된 주형 DNA가 다시 이중가닥으로 돌아가려고 한다(annealing). 이때 원래의 긴 DNA 가닥이 서로 이중가닥을 형성하는 것보다 반응액 중에 대량으로 존재하는 짧은 프라이머가 그 상보적인 서열과 이중가닥을 형성할 확률이 훨씬 높아진다. 그 결과, 주형 DNA와 프라이머로 부분적인 이중가닥이 발생한다. 그리고 반응액의 온도를 72°C까지 다시 올린다. 이 온도는 원래의 긴 DNA 가닥끼리 이중가닥을 만들기 힘드므로 Taq 중합효소가 높은 효소 활성을 유지할 수 있다. 그러면 Taq 중합효소는 프라이머가 이중가닥을 형성한 부분을 인식하고 그 앞의 단일가닥을 주형으로 상보적인 이중가닥의 DNA를 합성한다. 합성이 종료된 것을 가늠하고 다시 반응액의 온도를 94°C 정도 올리면 새로 합성된 2개의 이중가닥 DNA가 다시 변성되어 이번에는 4개의 단일가닥의 주형 DNA가 된다.

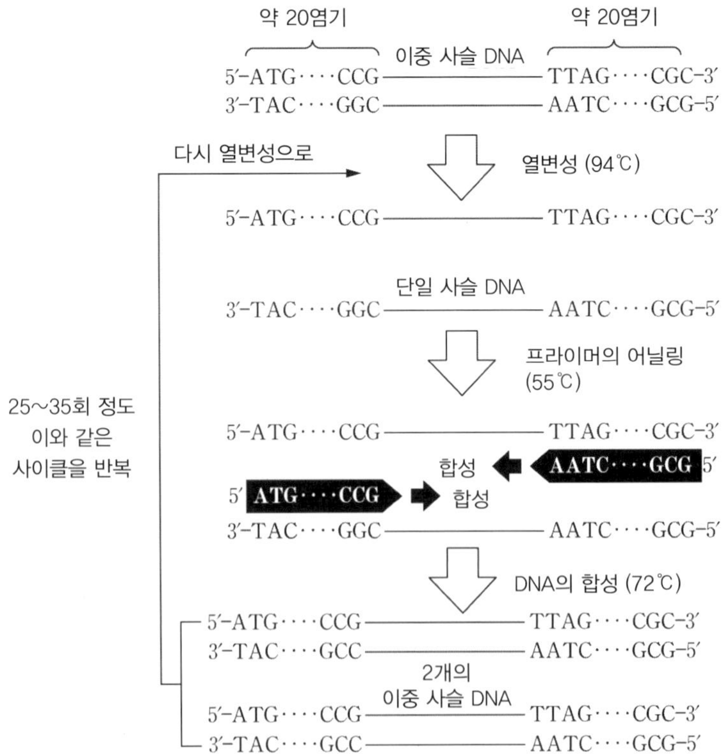

그림 15.4 PCR법의 원리.

이후 첫 번째 단계와 마찬가지로, 어닐링, 합성, 변성이라는 일련의 과정을 반복하여 2종의 프라이머에 끼워진 부분의 DNA 양은 이론적으로는 배로 늘어간다. 즉, 프라이머 또는 DNA 합성의 기질 중 하나가 없어지거나 효소가 열에 의해 활성을 잃을 때까지 DNA의 합성이 이어진다. 1회의 DNA 합성주기는 온도의 승강 시간을 제외하고 보통 수십 초에서 4분 정도이며, 목적으로 하는 DNA 서열을 단시간에 다량으로 합성할 수 있다.

PCR법은 일반적으로 수 kbp 정도의 그다지 길지 않은 DNA 가닥이라면, 마이크로 튜브에서 간단하게 합성할 수 있는 효과적인 방법이다. 주형 DNA는 극히 소량으로 좋기 때문에, DNA 감정 등 다양한 분야에서 일상적으로 사용되고 있다.

d. RNA와 단백질에 관한 기본적인 기술(Northern blot, Western blot, 질량분석법에 의한 단백질의 동정)

현재는 외래 유전자의 형질전환이 기본적인 기술이 되었고, 외래 유전자가 대상 식물의 게놈에 도입된 여부를 앞서 기술한 Southern blot을 사용하여 조사할 수 있다. 한편, 도입된 유전자의 작동 여부, 즉 목적으로 한 mRNA의 검출 여부와 어느 정도의 mRNA가 전사되어 있는지에 대한 것은 Northern hybridization으로 파악할 수 있다. Northern hybridization은 Southern hybridization에서의 DNA를 RNA로 대체한 것이며, 겔에서 영동하는 핵산이 RNA인 점이 다르다. RNA는 DNA과 비교했을 때 파괴되기 쉽기에 더욱 세심한 주의가 필요하다. DNA와 마찬가지로 영동한 RNA는 나일론 막에 옮겨진 뒤, 디곡시게닌(Digoxigenin, DIG)과 같이 표지된 프로브를 사용하여 안티 디옥시게닌과 같은 항체로 mRNA의 밴드 위치와 양을 감지한다. 그 밖의 역전사 중합효소연쇄반응(RT-PCR)법을 사용하여 RNA를 검출하는 방법이 있다. 이 방법은 역전사 효소를 사용하여 검출하려는 RNA 분자의 cDNA를 만들어 그 cDNA를 주형으로 사용해서 PCR법을 실시하는 것이다.

다음 단계는 mRNA가 단백질로 번역된 여부와 그 양이 어느 정도인지를 보는 것이다. 여기에는 Western blot이 사용된다. Western blot은 단백질을 전기영동하여 크기 별로 분리된 단백질을 막에 옮겨서 특정 단백질에 대한 항체를 사용하여 목표로 하는 단백질의 유무 및 양을 검출하는 것이다. 또한 전기영동한 단백질을 동정하기 위해서는 그 단백질이 포함되어 있다고 생각되는 부분의 겔을 잘라서 단백질을 꺼낸다. 그런 후 질량 분석계를 실시해서 질량 스펙트럼을 얻고, 그것을 데이터베이스와 조합하여 단백질을 동정한다. 이와 같은 방법으로

DNA, RNA, 단백질 각각의 단계에서 도입 유전자와 특정 환경 조건에서 발현하는 유전자를 추적할 수 있다.

e. 오믹스(유전체학, 전사체학, 단백질체학, 대사체학, 2.6절 참조)

생물이 가지고 있는 모든 DNA의 염기서열을 분명히 하려는 인간 게놈 프로젝트가 1990년경에 시작되었다. 식물에서도 2000년 애기장대의 게놈 서열이 결정된 것을 시작으로, 벼 등 여러 작물에서도 게놈 서열이 밝혀지고 있다. 이런 식물 게놈 분석에는 차세대 DNA 시퀀서가 크게 기여하고 있다. 차세대 DNA 시퀀서는 생어법에 근거한 기존의 DNA 시퀀서보다 훨씬 빠르고 저렴한 비용으로 대량의 염기서열 결정이 가능하다. 이들은 생어법과는 다른 염기서열 결정법을 사용하여 물리적으로 조각난 수억 개 이상의 DNA 분자 염기서열을 분석한다. 한 번의 분석으로 약 60~600 기가(10억) 염기의 해독이 가능하다. 또한 그 종, 개체, 기관, 조직 등에 포함된 모든 mRNA를 분석하는 것을 전사체 분석(전사체학, Transcriptomics), 단백질의 경우를 단백질체 분석(단백질체학, Proteomics), 대사 산물의 경우를 대사체 분석(대사체학, Metabolomics)라고 부른다.

구체적으로는 종자 형성 과정에서 발현하는 종자 형성 관련 유전자를 조사하기 위하여 전사된 mRNA를 망라적으로 조사하는 대사체학, 염색체 형성에 관계하는 모든 단백질을 명확하게 하기 위해 염색체 단백질을 총괄적으로 조사하는 단백질체학, 약용 식물의 산지별 성분 차이의 원인을 명확하게 하기 위해 다른 산지 약용 식물의 대사산물을 종합적으로 조사하는 대사체학 등을 예로 들 수 있다. 이러한 유전 정보와 유전 정보 발현의 각 단계에서의 종합적 분석을 일괄적으로 오믹스라고 부른다. 오믹스에 의해 얻은 방대한 생물 정보를 분석하는 방법을 생물정보학이라 부르며, 전체적인 분석 결과를 활용하여 생물 네트워크와 시스템으로 이해하려는 학문 분야를 시스템 생물학이라고 부른다.

15.2 유전자의 클로닝과 기능 해석

a. 유전자의 클로닝

유전학과 실제 육종을 연결하는 실체는 유전자이며, 목표로 하는 육종에 필요한 유전자(군)을 DNA 수준에서 결정하는 것이 중요하다. 특히 유전자 재조합에 의해 목적으로 하는 형질을 갖는 형질전환체를 만드는 것은 식물 생명공학의 육종학적 관점에서도 중요한 부분이다. 따라서 먼저 필요한 것은 목표 형질을 발현시키는 유전자를 동정하고 골라내는 것이다. 목적으로 하는 특정 유전자를 게놈 DNA 또는 라이브러리 중에서 선발하는 것을 유전자 클로닝(또는 단순히 클로닝)이라 한다. 유전자 클로닝을 위해서는 단백질의 아미노산 서열을 단서로 하는 방법, DNA 마커를 사용하는 방법과 유전자의 발현 양식을 단서로 하는 방법 등이 개발되어 있지만, 특정 형질을 발현하는 유전자를 클로닝하는 것은 일반적으로 많은 노력과 시간이 걸리는 작업이다.

b. 단백질의 아미노산 서열을 이용하는 방법

유전자 클로닝 방법 중 하나는 목적으로 하는 형질과 관련 있는 단백질을 분리하고 정제하여, 그 단백질의 아미노산 서열 정보에서 DNA 서열 정보를 추정하는 방법이 있다. 이 방법은 다른 종에서 비슷한 단백질의 아미노산 서열이 알려진 경우에도 사용할 수 있다. 이러한 아미노산 서열에서 DNA의 염기서열을 추정하고, 이를 이용하여 게놈 DNA로부터 목적으로 하는 유전자를 포함하는 DNA 단편을 동정하거나 cDNA 라이브러리로부터 PCR법을 사용하여 목적으로 하는 유전자를 클로닝하는 프라이머를 설계할 수 있다. cDNA로부터의 유전자 클로닝은 인트론이 제거되어 있기 때문에 DNA가 상대적으로 짧아서 취급이 용이하고, 대장균을 이용하여 얻은 클론을 형질전환시켜 발현된 기능을 확인할 수 있다는 이점이 있다.

cDNA 라이브러리는 mRNA로부터 역전사 효소를 이용하여 합성된 DNA의 집단이며, 그 시점에서 그 조직에 발현되는 유전자의 집단이다(15.1절 b). 예를 들어, 벼의 저상 난백실 유선사를 클로닝하는 경우에는 등숙기에 들어간 배젖을 재료로 사용하는 것이 목적 유전자의 cDNA 라이브러리를 만들 확률이 높아진다.

한편, 기존에 밝혀진 DNA 또는 단백질의 아미노산 서열에서 예측한 염기서열을 바탕으로 프로브 DNA의 염기서열을 합성하고, 이 프로브 DNA를 이용하여 Southern blot에 의해 목적으로 하는 식물에서 해당 유전자를 포함하는 cDNA 클론을 선발하는 것이 가능하다. 또한 애기장대와 벼를 비롯한 많은 식물에서 게놈 정보의 해독이 완료되었거나 진행되고 있기 때문에, DNA 서열이 종에 따라 크게 다르지 않은 유전자이거나 기존에 알려진 단백질을 암호화하는 유전자에 대해서는 컴퓨터를 이용한 DNA 서열의 검색을 통해 목적 유전자를 얻을 수 있다. 목적 유전자가 분리된다면, 그것을 15.3절 b에 설명하는 방법으로 식물체에 형질전환하여 유전자를 식물체 내에서 발현시켜 결과를 확인할 수 있다.

c. DNA 마커를 이용한 방법

게놈 프로젝트가 종료된 식물 또는 DNA 마커의 자리가 각 염색체에 알려진 식물에서는 염색체 지도에 상세하게 자리매김한 DNA 마커(8.2절)와 염색체 상에 순서대로 정렬된 DNA 단편을 사용하여 목적으로 하는 유전자의 위치를 찾아서 유전자를 분리하는 지도 기반 클로닝이 가능하다(8.5절). 이미 많은 유전자가 DNA 마커를 사용하는 방법에 의해 클로닝되어 있다.

d. 트랜스포존 태깅법(Transposon tagging)

다른 방법으로는 역유전학(Reverse genetics)을 사용하는 방법이 있다. 이 방법은 다른 식물에서 이미 기능이 명확하게 밝혀져 있는 유전자와 상동성이 높은 서열을 파괴하여 그 유전자의 기능을 분석하는 방법이다. 기존의 유전학이 표현형질로부터 그 유전자를 추정했던 것과는 반대로 유전자로부터 표현형을 보는 방법이기에 이렇게 불리고 있다.

트랜스포존이 염색체 상의 한 위치에서 다른 위치로 전이할 때, 유전자 사이에 전이하면 그 유전자의 기능을 파괴할 수 있다. 즉, 트랜스포존의 새로운 삽입에 의해 유전자가 파괴되어 다른 표현형을 가진 개체를 발견할 수 있다. 그래서 트랜스포존이 어디에 전이하여 어느 유전자 파괴 계통이 발생했는지를 DNA 수준에서 해명하고, 동시에 원품종과 다른 표현형을 갖는 돌연변이체를 분석하면, 표현형으로 나타난 질병 저항성이나 환경 스트레스와 관련된 유전자 등을 동정할 수 있다. 이런 방법을 트랜스포존 태깅이라고 부른다. 이 방법은 트랜스포존의 전이에 의해 표현형이 바뀐 개체로부터 DNA를 추출하고, 트랜스포존을 표지로 해서 그 표현형을 지배하는 유전자를 분리한다. 이 경우에는 DNA 마커 지도와 유전자 산물인 단백질 등을 필요로 하지 않기 때문에, 이러한 정보가 없는 식물 종 또는 형질에서 효과적인 방법이라고 할 수 있다. 실제로, 옥수수, 금어초, 나팔꽃 등 트랜스포존을 사용하여 색소 합성계의 유전자와 꽃의 형태 형성 유전자 등의 중요한 유전자가 분리되었다.

벼에서는 트랜스포존의 일종인 레트로 트랜스포존(*Tos17*)을 이용한 돌연변이체 집단(Mutant panel)이 제작되어 각각의 유전자에 *Tos17*가 삽입된 경우에 어떤 표현형의 돌연변이체를 얻을 수 있는지를 검색할 수 있는 시스템이 만들어지고 있다. 이 시스템을 통해 벼의 유전자 기능이 서서히 밝혀지고 있다.

e. 그 밖의 유전자 클로닝법

붉은 색소인 안토시아닌의 유전자는 다음과 같이 클로닝되었다. 먼저 붉은 색소를 축적하고 있는 붉은 차조기와 축적하지 않는 푸른 차조기의 잎으로부터 mRNA를 추출하고서, 역전사 효소를 사용하여 cDNA를 합성하였다. 이 cDNA를 주형으로 하여 PCR법에 의해 DNA를 증폭하고 전기영동하여 붉은 차조기와 푸른 차조기 사이의 길이가 다른 밴드를 여러 개 발견했다. 이 중에서 차조기 잎을 붉게 하고 있는 안토시아닌의 합성에 관계하는 유전자가 클로닝되었다. 이 방법은 Differential display RT-PCR(DDRT-PCR)이라고 불리고 있다.

또한 금어초 노란 꽃잎의 색소인 오론 유전자는 노란색과 흰색 금어초의 꽃잎으로부터 mRNA를 추출하여 cDNA를 합성하였다. 게다가 서로의 cDNA를 혼성화시켜 혼성화된 DNA만을 제거했다. 이렇게 노란색 꽃잎에서만 발현되는 유전자군을 얻을 수 있었기 때문에, 그 속에서 오론의 유전자를 동정했다. 이 방법을 cDNA Subtraction method(또는 subtractive hybridization)이라고 한다.

또한 특정 유전자군이 강하게 발현하는 개체로부터 mRNA를 추출하여 cDNA를 합성한 후, 유리 등의 기판 위에 수천~수만의 DNA를 고밀도로 배열한 마이크로어레이(DNA 칩)에 혼성화시킴으로써 그 개체에서 발현하는 유전자가 무엇인지를 포괄적으로 파악할 수 있다. 이러한 방법은 게놈 분석을 완료한 식물에서 일반적으로 사용되고 있다.

f. 유전자의 기능 해석

유전자의 기능을 분석하기 위해서는 조사하고 싶은 유전자를 형질전환(15.3절)하여 세포에 도입한 후, 유전자의 발현 상황으로부터 조사할 수 있다. 한편, 트랜스포존 태깅법(transposon tagging)처럼 무작위로 게놈을 전이하는 트랜스포존이 유전자 중 중요한 위치에 삽입됨으로써, 가지고 있던 본래의 기능을 잃어버리고, 그 부분이 결실된 표현형을 통해 반대로 추적하면 유전자 본래의 기능을 알 수가 있다. 이와 같이 유전자의 기능 발현을 저해하고 그 기능을 추정하는 방법 중 하나가 RNA 간섭(RNAi)이다. RNAi는 원래 선충에서 1998년에 발견된 것이며, mRNA와 상보적인 염기서열을 갖는 이중가닥 RNA가 세포 내로 들어가면 mRNA가 분해되는 현상이다. 그러기 위해서는 목적으로 하는 유전자의 염기서열만 알면 그 유전자의 염기서열 정보로부터 동일한 염기서열을 갖는 이중가닥 RNA를 인공적으로 합성하여 세포 내로 도입한다. 또는, 억제를 목적으로 하는 유전자와 동일한 염기서열을 갖는 DNA 서열을 염색체에 넣는다. 그러면 그 유전자에 유래하는 mRNA가 분해되어 대상으로 하는 유전자의 기능 발현이 억제된다. 현재는 유전자를 손상시키지 않고 그 기능 발현만을 억제하는 방법으로서 널리 사용되고 있다. 또한 유사한 방법으로 통상적인 유전자로부터 전사된 mRNA와 상보적인 mRNA를 만들어내는 DNA 서열을 넣는 방법이 있다. 이 방법은 쌍방에서 전사된 mRNA가 이중가닥의 RNA를 형성하고 이물질로 인식돼서 분해되는 것을 이용한다. 이는 목적 유전자를 외관상 비활성화하는 방법이며, 안티센스 RNA법이라고 불린다(15.3절 c).

15.3 유전자 공학에 의한 육종

어느 식물에 다른 생물의 유전자를 주입하고, 그 유전자를 가진 새로운 식물을 육종하는 것은 목적 유전자만을 첨가한다는 의미에서는 가장 직접적인 육종 방법이며, 이전부터 주목 받고 있었다. 고등식물에서 분리한 DNA를 이용한 형질전환체는 이미 1969년에 보고되었다. 이는 피튜니아의 흰꽃을 붉은꽃으로 형질전환한 것이다. 현재 식물의 형질전환에는 훨씬 더 효율적인 방법이 사용되고 있다. 형질전환은 핵 DNA를 그대로 사용하는 것이 아니라, 목적으로 하는 유전자만을 증식하여 사용하는 것이 보통이다. 또한 우연한 기회를 이용하는 것이 아니라, 목적으로 하는 유전자를 핵으로 넣는 방법이 고안되고 있다. 외래 DNA를 받아 들이는 식물도 원형질체 등으로부터 식물체를 재생시키는 것이 아니라, 식물체 자체를 사용하는 방법이 개발되고 있다.

a. 유전자 도입법[*Agrobacterium tumefaciens*법, 유전자총법(*particle bombardment*), 전기천공법(*electroporation*), *bio-active beads*법]

외래 유전자 도입 방법에는 직접 도입법 및 생물적 도입법이 있다. 전자는 유전자총법(particle bombardment), 전기천공법(electroporation), 폴리에틸렌 글리콜을 사용한 화학적 방법(PEG법), bio-active beads법 등이 있다. 후자는 아그로 박테리움(*Agrobacterium tumefaciens*)에 포함된 Ti 플라스미드 외에 Ri 플라스미드, 콜리플라워 모자이크 바이러스 등을 사용하는 방법이 있다. 그림 15.5에서는 이들 중 자주 사용되고 있는 아그로 박테리움법, 유전자총법, 전기천공법, 그리고 최근 일본에서 개발된 bio-active beads법을 설명하고 있다.

식물의 유전자 도입 방법으로 가장 일반적인 방법은 근두암종양을 유발하는 토양 세균의 아그로 박테리움(*Agrobacterium tumefacience*, 현재는 *Rhizobium radiobacter*가 정식 학명)을 사용하는 것이다. 아그로 박테리움은 자신의 영양원이 되는 아미노산(오파인, opine)을 식물체에서 생산하기 위해, 균체 내에 포함된 거대한 플라스미드(Ti 플라스미드)에서 오파인 합성 유전자를 포함하는 DNA영역(T-DNA)를 잘라내어, 식물 뿌리의 세포핵 DNA에 T-DNA를 넣는다. 그때 표적이 되는 것은 식물체가 생산하는 아세토시린곤(Acetosyringone) 등의 페놀 화합물이다. 그리고 Ti 플라스미드의 vir(virulence) 영역이 작동하여 T-DNA 영역을 잘라내고 식물의 게놈에 넣는 것으로 알려져 있다. 따라서 아그로 박테리움에 의한 유전자 도입에 관해서는 T-DNA 영역을 잘라내고 전이를 유발하는 vir 영역과 전이하는 T-DNA 영역 등 2가지가 필요하다. 이 2개의 DNA 영역이 하나의 플라스미드에 포함되어 있는 것과 각각 다른 플라스미드로 나누어져 있는 것이 있다. 후자를 바이너리 벡터형(Binary vector)이라고 부른다. 현재는 후자가 일반적이다.

아그로 박테리움을 이용한 형질전환 시스템은 아그로 박테리움에 높은 빈도로 감염되는 것이 필요하다. 또한 동시에 감염된 세포로부터 식물체를 재생하는 등 식물체의 재생 능력이 높아야 한다. 아그로 박테리움의 감염에 의한 형질전환은

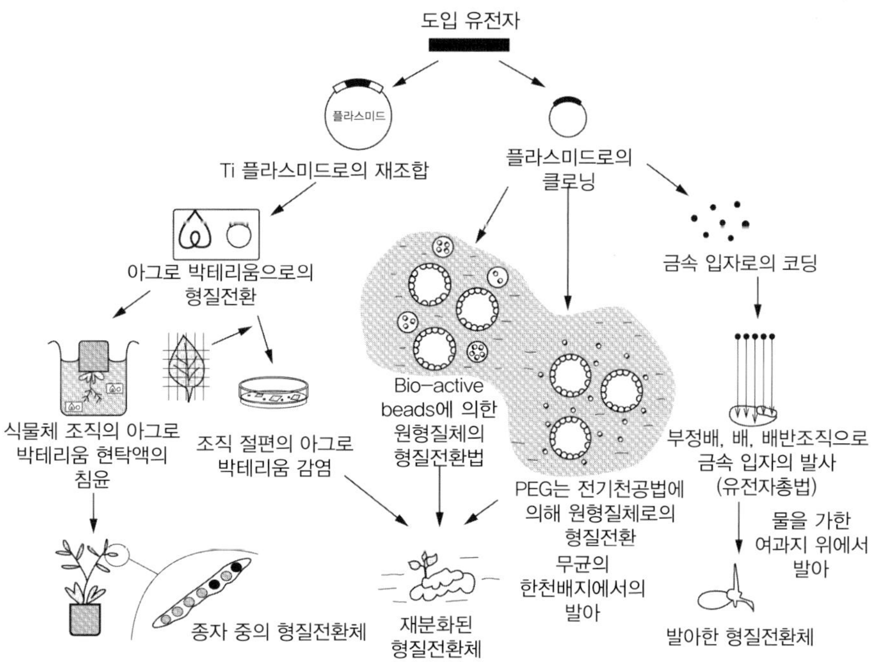

그림 15.5 대표적인 형질전환법.

다음과 같이 이루어진다. 재생능이 높은 잎 조각을 아그로 박테리움 현탁 배양액에 수분 침지하여 아그로 박테리움을 감염시킨다. 이어서 잎 조각을 3일간 암흑 조건에서 배양한 후 항생물질을 포함한 배지로 옮겨 1~3주간 명조건에서 배양하여 아그로 박테리움을 제거한다. 마지막으로 잎 조각에서 탈분화된 캘러스로부터 식물체를 재생시켜 목적으로 하는 형질을 포함하는지 여부를 검정한다. 아그로 박테리움법에 의해 팬지의 파란색 꽃 유전자를 장미에 도입함으로써 푸른 꽃잎을 가진 장미가 육종되었다(그림 15.6).

이러한 재생 시스템을 사용 것 외에, 아그로 박테리움을 종자 또는 식물체에 직접 감염하는 것이 행해지고 있다. 따라서 재생시킬 필요가 없는 경정과 꽃눈이 사용되고 있다. 예를 들어, 로제트와 같은 줄기에 직접 아그로 박테리움을 주입하면, 처리 후 늘어난 화서에서 T-DNA가 삽입된 형질전환 종자를 얻을 수 있다. 또한 적심(pinching)한 애기장대 식물체를 수일 동안 키워서 측지의 꽃을 개화시킨 후 아그로 박테리움을 현탁한 액체에 담그면, 식물이 생육하는 과정에서 생식세포에 T-DNA의 이입이 일어나 형질전환 종자를 얻을 수 있다.

또한 유전자총법은 동식물에서 널리 사용할 수 있는 방법으로, 원형질체의 작출과 원형질체로부터 식물체 재생이 어려운 식물에 널리 사용되고 있다. 이 방법은 직경 1~5 μm의 금과 텅스텐 입자에 DNA를 묻혀, 그 미립자를 압축 공기나 헬륨 가스 등의 고압 가스를 사용하여 세포에 직접 DNA 분자를 도입하는 것이다. 즉, 금속 입자가 식물 세포의 세포벽, 심지어 핵막을 뚫고 DNA를 직접 세포와 핵 안으로 보낸다. 이 방법은 식물 조직에 직접 외래 DNA를 넣는 것이 가능

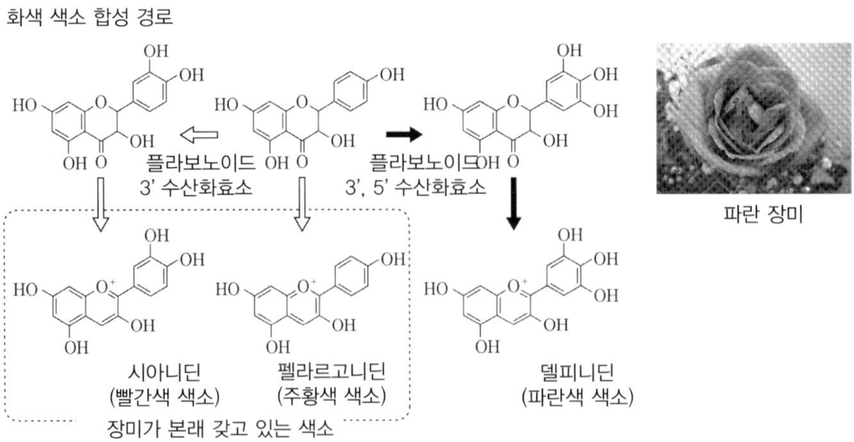

그림 15.6 파란 장미의 육종. 팬지에 존재하는 플라보노이드 3′, 5′ 수산화 효소 유전자를 도입.

하여, 아그로 박테리움이 감염하기 어려운 식물과 재생 시스템을 얻을 수 없는 식물에서도 쉽게 유전자를 도입할 수 있게 되었다. 그림 15.7에 금 입자를 부착시킨 마커 유전자를 밀 배아 유래의 캘러스에 넣은 후, 마커 유전자의 발현을 본 것을 나타낸다. 마커 유전자가 세포 중에 들어가 파란색 점들이 발현하고 있는 것을 알 수 있다. 형질전환 효율에 관계하는 요인으로는 금속의 종류, 입자 크기, 입자를 발사하는 속도, 입자에서 식물 조직까지의 거리, 적절한 프로모터 등이 있다. 현재는 휴대용으로도 개발되어 있기 때문에 캘러스에서 식물 조직까지 폭넓게 형질전환에 사용되고 있다.

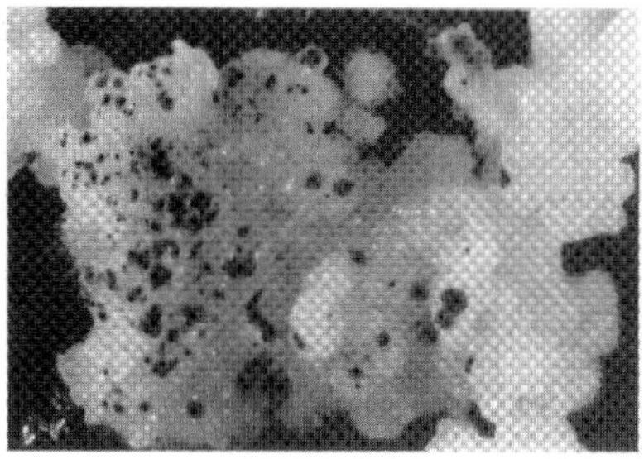

그림 15.7 유전자총법에 의해 처리한 밀 배아 캘러스에서의 마커 유전자의 발현.

전기천공법(electroporation)은 플라스미드 DNA 등에 조작한 유전자를 원형질체에 직접 넣는 것이다. 따라서 도입을 목적으로 하는 DNA와 원형질체를 현탁하는 배지에 펄스 전압을 걸어 원형질체 표면에 작은 구멍을 순간적으로 뚫어서 배지에 현탁된 DNA 분자를 그 구멍을 통해 넣는다.

또한 플라스미드 DNA 등에 조작해서, 도입하고자 하는 유전자를 알긴산 칼슘(Calcium alginate) 젤로 이루어진 bio-active beads 표면에 고정하여 그 비즈와 원형질체를 접착시키면, 수백 kbp에 달하는 거대한 DNA 분자의 도입이 가능해진다. 실제로 이 방법을 통해서, 밀 제분 특성의 유전자를 포함하는 박테리아 인공 염색체(BAC)가 벼에 도입되었다(Wada et al., 2010).

b. 전사인자의 제어

전사인자는 DNA와 결합하는 단백질이지만, 프로모터 및 인핸서 등 유전자의 전사를 제어하는 영역(2.2절 c)에 특이적으로 결합하여 유전자의 발현을 촉진 또는 억제하는 작용을 한다(2.2절 d). 전사인자는 그 작용에 동일한 구조 및 기능 발현에 관한 여러 유전자를 두고 있는 경우가 있기 때문에, 목표로 하는 형질을 조작힐 때에는 개별 유전자를 조작하는 것보다 효과적인 경우가 있다. 그래서 전사인자를 조작하는 육종 방법을 생각할 수 있다(Hiratsu et al., 2003). 일례로 겹꽃의 경우를 살펴보자. 꽃의 형성은 2.6절 c에서 살펴본 바와 같이 ABC 모델로 설명할 수 있다. 이 모델을 사용하여 겹꽃을 육종 목표로 한 경우를 생각해 보면, 꽃

그림 15.8 전사인자의 제어에 따른 겹꽃 시클라멘의 육종. 오른쪽은 일반적인 홑겹의 시클라멘.

의 원기 중 꽃잎의 형성에 관계하는 것은 영역 II이며, 그곳에서 일하는 유전자군은 전사 인자 A와 B에 의해 제어되고 있다. 또한, 수술을 형성하는 유전자는 영역 III에서 작동하는 전사인자 B와 C에 의해 제어된다. 그래서 영역 III에서 작동하는 전사인자 C를 표적 유전자군의 발현을 억제하는 것으로 바꾸어 주면, 전사인자 C가 제어하는 유전자군의 전사가 저해되고, 이 유전자에 돌연변이가 일어난 것과 같은 표현형을 얻을 수 있다. 즉, 수술의 형성에 관여하는 유전자를 변화시키는 것이 아니라, 그 유전자의 발현을 제어하는 전사인자를 불활성형으로 바꿔서 그것이 제어하는 유전자의 전사를 억제하여 형질 전환체를 제작할 수 있다. 그림 15.8에는 이와 같이 수술이 꽃잎으로 변화한 겹꽃 시클라멘과 본래의 홑겹 시클라멘의 꽃을 보여준다.

c. 유전자 공학에 의한 육종

유전자 재조합체가 생산하는 식품을 유전자 재조합 식품이라고 부른다. 유전자 재조합 식품은 제초제 저항성 작물, 해충 저항성 작물, 내병성 작물 등의 유전자 재조합체 등에서 유래한 제1세대가 개발되었다. 이후 제2세대 목표는 꽃가루 알레르기 완화 쌀과 같은 작물에서의 의약품 생산과 영양 개선 등이었고, 현재는 공업 원료의 생산 등을 목표로 하는 제3세대가 개발되고 있다. 1994년 처음 시판된 유전자 재조합 농작물은 숙성되어도 열매가 쉽게 무르지 않은 토마토인 Flavr Savr이다. 토마토는 숙성하면 과일 속의 펙틴이 폴리갈락투로나아제에 의해 분해되어 과실이 연화돼서 무르게 된다. 따라서 이 효소의 유전자로부터 전사된 mRNA와 상보적인 서열의 RNA를 만드는 유전자를 형질전환법으로 도입했다. 그 결과, 폴리갈락투로나아제의 mRNA와 상보적인 RNA가 세포 내에서 이중가닥 RNA를 만들고, 폴리갈락투로나아제의 생합성을 억제하게 되었다. 사용된 방법은 안티센스 RNA법(RNAi법의 일종, 15.2절 f)으로 불린다. Flavr Savr는 다른 토마토에 비해 익어도 껍질과 과육이 쉽게 무르지 않아서 오랫동안 풍미를 유지한다는 특징을 갖는다.

제초제 저항성 작물은 제1세대의 재조합체이다. 제초제 글리포세이트(Glyphosate, 상품명 Roundup)는 미국의 농약 회사가 개발하였으며, 대부분의 식물을 고사시키는 비선택성 제초제이다. 글리포세이트는 5-enolpyruvylshikimate-3-phosphate synthase(EPSPS)을 저해하고, 결과적으로 시킴산 경로에 관계하는 아미노산 또는 단백질의 합성을 저해한다. 이에 대해 내성을 가지는 재조합체 Roundup Ready가 옥수수, 유채, 대두, 면화에서 만들어지고 있다. 이들은 글리포세이트에 저해되지 않는 아그로 박테리움의 EPSPS 유전자와 글리포세이트를 분해하는 글리포세이트 산화 환원효소의 유전자를 도입하여 만들어졌다. 그래서 Roundup Ready와 Roundup를 함께 사용함으로써 농가는 잡초 관리가 쉬워졌을 뿐만 아니라, 무경운 재배 농법으로 전환하는 것도 가능해졌고, 표토의 유출을 방지할 수 있게 되었다. Roundup 외에도 많은 제초제에 대한 내성 재조합체를 작출하고 있다. 그 대부분은 앞서 언급 한 바와 같이, 제초제가 듣지 않는 유전자 또는 제초제를 무독화하는 유전자의 도입에 따른 것이다.

병해충 저항성의 재조합체도 많이 만들어지고 있다. 예를 들어, 벼 바이러스병의 하나인 줄무늬잎 마름병 저항성의 재조합체는 줄무늬잎 마름병 바이러스의 외피 단백질 유전자를 식물에 도입한 것이다. 그로 인해 벼 세포 내에 줄무늬잎 마름병 바이러스의 단백질이 축적하고, 외부에서 침입해 온 줄무늬잎 마름병 바이러스는 외피 단백질을 벗겨내도 내생의 외피 단백질에 의해 바이러스 RNA를 활성화할 수 없다. 해충에 대한 저항성 품종 육종의 예로는 토양 세균의 일종인 *Bacillus thuringiensis*가 생산하는 독소 단백실(Bt 독소)의 유전자들 도입한 것이 있다. Bt 독소는 곤충의 내장 부분에서 부분적으로 분해되어 살충성의 폴리펩티드가 생산되고, 그것이 곤충의 장관 세포의 수용체에 결합해서 독성이 발휘된다. 그러나 인간에서는 아미노산까지 분해되는 데다가 세포가 수용체를 갖고 있지 않기 때문에 영향을 받지 않는다.

제2세대의 재조합 식품을 목표로 다양한 재조합 식물이 개발되고 있다. 예를 들어, 비타민 A의 전구체인 베타 카로틴을 생산하는 골든 라이스, 지방산 조성을 개선한 콩, 삼나무 꽃가루 알레르기를 저하시키는 재조합 벼, 카페인을 포함하지 않는 커피 등이 있다.

골든 라이스는 비타민 A의 전구체인 베타 카로틴을 다량으로 포함하여, 정제된 쌀이 노란색을 나타낸다. 베타 카로틴은 벼에 있는 효소에 의해 리코펜으로부터

표 16.5 BLAST 상동성 검색의 프로그램.

프로그램	Query 서열	Query 서열을 아미노산 서열로 번역	검색 대상 데이터베이스	데이터베이스 서열을 아미노산 서열로 번역
Blastn	염기서열	-	염기서열	-
Blastx	염기서열	O	아미노산 서열	-
Tblastx	염기서열	O	염기서열	O
Blastp	아미노산 서열	-	아미노산 서열	-
Tblastn	아미노산 서열	-	염기서열	O

O는 염기서열을 아미노산 서열로 번역한 후에 서열 비교를 행한다.

서열이 식물 내 존재하는지를 확인하려면 식물만을 체크한다. 기타 옵션을 원하는 대로 설정한 후 입력 내용의 전송 버튼을 누르면 BLAST 검색이 시작한다. 서버의 사용 상황에 따라 다르지만, 빠르면 몇 분 안에 결과가 표시된다. 다른 사이트(NCBI, EBI)에서 BLAST 검색을 할 경우에도 순서와 설정 항목은 거의 동일하다.

상동성 검색 결과를 표시하는 화면에서는 상동성이 높은 서열이 상위에 표시되어 있다(그림 16.5). Score(bits)가 크고, E value가 작을수록 상동성이 높다는 것을 의미한다. E value는 지수 표기되는데, 예를 들어 1e-23는 1×10^{-23}을 의미하고, 7e-08는 7×10^{-8}를 의미한다. 이 경우에는 보다 작은 값인 1e-23가 더 높은 상동성 서열이라는 것을 나타낸다. 식물이 아닌 생물체로부터 유래한 서열을 검색 query에 사용하여 식물의 상동 서열을 검색하면, 상동성이 낮기 때문에 종종 E value가 큰 것이 있다. 그런 경우에 상동 서열의 여부를 판단하기 위해서, 서열 데이터베이스에서 각각의 서열 정렬(sequence alignment)을 하는 것(서얼 정보의 비교)과, 문헌 데이터베이스로부터 관련 정보를 입수하고 구조 및 기능에 필수 부위의 아미노산 또는 염기를 조사하는 것 등이 가능하다.

DDBJ의 사이트에서 Graphical View를 선택하고 있으면, 상동 영역이 표시된다(그림 16.5). 일반적으로 query 서열의 전장에 걸친 상동 서열뿐만 아니라 query 서열의 일부에만 상동성을 보이는 서열도 나타난다. 부분적인 상동 영역은 어떤 기능 도메인에 해당하는 것이 많고, 기능과 구조에 관여하는 아미노산 잔기가 보존되어 있는지를 문헌이나 다른 데이터베이스에서 조사하면 도메인으로서의 역할을 가지는지에 대한 여부가 더욱 엄밀히 추측될 수 있다.

서열 정보를 바탕으로 상동성 검색을 실시하고서 정렬을 하면, 자신이 사용하고

그림 16.5 BLAST 서치에 의한 결과의 표시 예.

DDBJ에서 tblastn을 이용. 황색초파리(Drosophila melanogaster)의 단백질. HP1의 아미노산 서열을 검색 query에 입력한 후 검색 대상 DIVISION을 식물만으로 지정하여, Graphical view를 선택했다. 아래부터 3번째 애기장대(Arabidopsis thaliana)의 서열 AF387639가 나타났고, HP1의 전반 부분에서만 약한 상동성(Score = 34.3, E value = 4.4)를 나타낸다. AF387639를 UniProt에서 찾아보면, 단백질명이 Like Heterochromatin Protein 1(LHP1)인 것을 알 수 있다. 서열 데이터베이스 및 문헌 정보에 기초하여 더욱 상세하게 서열을 비교하면, HP1와 LHP1의 상동성 부분은 chromodomain이라고 불리는 기능 단위이고, 메틸화된 H3에 결합하는 부위라는 것을 알 수 있다.

싶은 연구 자료에 상동 서열의 존재가 알려져 있는지에 대한 여부를 알 수 있을 뿐만 아니라, 더 나아가 기능 발현에 필수적인 아미노산 서열이 저장되어 있는지를 지표로 하여 상동 서열을 통해 기능의 유무를 추정할 수 있다.

16.3 수치 데이터의 해석

연구의 진전에 따라 수치 데이터를 얻은 후에 데이터를 분석한다. 그때, 가장 널리 사용되고 있는 것이 스프레드 시트이다.

스프레드 시트는 테이블 형식에 데이터를 집계하고 간단한 계산을 할 목적으로 만들어지고 있다. 테이블의 각 칸(셀)에 데이터를 입력하기 때문에 테두리가 그려진 노트에 데이터를 기입하는 방법으로 이용할 수 있다. 스프레드 시트에서 셀에 입력된 데이터를 기초로 그 평균, 표준 편차, 최대값, 최소값 등을 계산한다. 또한 정제된 이중가닥 DNA의 농도(μg / mL)을 260 nm의 흡광도(A 260)에서 측정한다면 환산식을 사용하여 A 260의 측정 값에서 DNA 농도를 산출할 수 있다.

측정 값 자체는 의미가 없으며, 스프레드 시트에 의해 환산되어 의미 있는 정보가 될 수 있다. 또한 산출된 통계량에 따라 t 검정과 χ2 검정 등 통계 분석을 실시함으로써, 대조군과 실험군과의 사이에 유의한 차이가 있는지를 알 수 있다.

다수의 계통을 취급하고 게다가 계통마다 여러 번 반복 실험을 할 경우에는 얻을 수 있는 데이터 양이 방대해진다. 대량의 데이터를 집계할 때에도 스프레드 시트는 사용할 수 있지만, 다변량 분석 등과 같은 보다 고급 통계 분석은 SPSS, SAS나 S-PLUS 등으로 대표되는 범용 통계 분석 패키지 소프트웨어를 사용한다.

범용 통계 분석 소프트웨어는 스프레드 시트에서 집계한 표 형식의 데이터를 사용할 수 있으므로, 집계는 스프레드 시트에서 실시하고, 분석은 통계 분석 소프트웨어로 하게끔 역할을 분담시키는 것도 가능하다. 또한 스프레드 시트에는 프로그래밍 언어로서 매크로 언어를 구현하고 있기 때문에, 매크로 언어로 제작된 통계 분석 패키지를 도입하는 방법도 있으며, 연구자가 프로그래밍 지식이 있으면 매크로 언어를 사용하여 스스로 통계 분석 프로그램을 제작할 수도 있다.

이 외에 효율적인 실험을 짜기 위한 수학적 기법이 개발되고 있으며, 이를 실험계획법이라고 부른다. 실험 계획법은 통계적 방법을 사용하여 효율적인 실험을 디자인하고 얻은 결과를 분석하기 위한 것이다.

16.4 화상 데이터의 분석

최근 유전 • 육종 연구에서는 화상 해석법에 의해 이미지에 포함된 정보를 수치

화하여 사용할 기회가 증가하고 있다. 그 이유는 생체 기능 정보를 해명하기 위해서는 가급적 살아 있는 상태로 또는 생체의 원형을 유지한 상태에서 데이터를 얻는 것에 대한 중요성이 높아지고 있기 때문이다. 화상 해석 방법을 사용하면, 이미지 정보를 수치 정보로 취급할 수 있고 객관적인 판단이 가능하게 된다. 이것을 이용하여 온실 전체를 자동화하고, 관수량과 간격 등도 제어된 조건에서 교배 후 분리 집단의 개체마다 생육량, 엽록소 함량, 초형, 질병의 유무 등을 다른 파장의 빛을 사용하여 정기적으로 스캔한 이미지를 분석한 후, 우량 개체를 핀포인트로 선발하는 표현형 분석이 확산되고 있다(칼럼 4).

화상 해석 방법에서는 우선 이미지를 디지털 데이터로 얻을 필요가 있다. 따라서 디지털 카메라를 사용하여 직접 촬영하거나 사진 등의 아날로그 매체에서 스캐너를 사용하여 디지털화한다. 촬영 조건 설정 및 촬영 후 이미지 처리에 의해 이미지에 포함된 정보를 최대한 명료하게 한다. 이미지 처리는 여러 이미지의 명암을 모으기 위한 정규화 처리, 미세한 노이즈를 줄이는 디지털 필터링 등이 널리 사용되고 있다. 이러한 처리 후, 이미지 중에서 필요한 부위를 추출하여 측정한다.

필요한 부위의 추출을 위해, 예를 들어 염색체를 촬영한 현미경 사진이면 염색체를 제거하고서, 녹색형광단백질(GFP)과 융합한 목적 단백질의 부위만을 이용하면 된다. 포장에서 식물체를 촬영한 경우에도 식물체와 배경을 분리해서 식물체만을 추출한다. 전자 현미경 이미지로 촬영한 염색질 섬유라면 섬유 1개만을 추출한다(그림 16.6). 필요한 부위의 추출시에는 이미지를 구성하는 단위인 화소의 명암 차이에 따른 것이 일반적이다. 형광을 촬영한 사진이면 밝은 화소만을 추출하고, 색소로 염색하고 찍은 사진이라면 반대로 어두운 화소만을 추출한다. 이때 이미지를 각각 화소의 명암에 따라 의색화하는 것이라면, 미묘한 명암의 차이가 색상의 차이로 표현되기 때문에 인간의 시각적 판단에 있어서는 명암 차이의 인식이 매우 용이하다.

추출된 영역에 대해 측정 및 분석을 실시한다. 길이, 두께 등의 치수를 측정하면 그것에 근거한 객관적인 형상을 파악할 수 있다. 2차원 화상의 면적 측정은 화상

그림 16.6 주사전자현미경 상으로부터의 염색질 섬유의 화상 추출.

참고 문헌

제1부 식물의 유전

アルバーツ B.ほか［中村桂子・松原謙一 訳］(2010)：細胞の分子生物学（第4版），ニュートンプレス.

カープ G.［山本正幸ほか 訳］(2006)：カープ 分子細胞生物学（第4版），東京化学同人.

工藤光子・中村桂子 (2007)：見てわかるDNAのしくみ，講談社.

サダヴァ D.ほか［石崎泰樹・丸山 敬 訳］(2010)：カラー図解 アメリカ版大学生物学の教科書（1～3巻），講談社.

西尾 剛 編著 (2006)：見てわかる農学シリーズ1 遺伝学の基礎，朝倉書店.

ハートル D.・ジョーンズ E.［布山喜章・石和貞男 訳］(2005)：エッセンシャル遺伝学，培風館.

ワトソン J.ほか［中村桂子 監訳］(2010)：ワトソン 遺伝子の分子生物学（第6版），東京電機大学出版局.

제2부 식물의 육종

池橋 宏 (2000)：イネに刻まれた人の歴史，学会出版センター.

鵜飼保雄 (2000)：ゲノムレベルの遺伝解析，東京大学出版会.

鵜飼保雄 (2003)：植物育種学，東京大学出版会.

鵜飼保雄 (2010)：統計学への開かれた門，養賢堂.

鵜飼保雄・大澤 良 編著 (2010)：品種改良の世界史（作物編），悠書館.

西尾 剛ほか (2012)：植物育種学（第4版），文永堂出版.

日本育種学会 編 (2002) 植物育種学辞典，培風館.

日向康吉・西尾 剛 編 (2003)：植物育種学各論，文永堂出版.

Zohary, D., Hoph, M. and Weiss, E. (2012)：*Domestication of Plants in the Old World* 4th ed., Oxford University Press.

제3부 식물의 유전·육종을 위한 생명공학

第III編 植物の遺伝・育種と生物工学

江面 浩・大澤 良 編著 (2013)：新しい植物育種技術を理解しよう，国際文献社.

大沢勝次・江面 浩 (2005)：図集 植物バイテクの基礎知識（新版），農山漁村文化協会.

鈴木正彦 編著 (2011)：植物の分子育種学，講談社.

福井希一・辻本 壽 (2010)：育種における細胞遺伝学（改訂版），養賢堂.

福井希一・向井康比己・谷口研至 (2006)：クロモソーム—植物染色体研究の方法，養賢堂.

제4부 식물의 유전・육종・생명공학을 위한 정보 탐색

エノス R.［江波 守・野地澄晴 訳］(2007)：パソコンで簡単！ すぐできる生物統計―統計学の考え方から統計ソフト SPSS の使い方まで，羊土社.

児玉龍彦・仁科博道 (2005)：システム生物医学入門―生命を遺伝子・タンパク質・細胞の統合ネットワークとして捉える次世代バイオロジー，羊土社.

中村保一ほか 編 (2007)：バイオデータベースとウェブツールの手取り足取り活用法―遺伝子の配列・機能解析，タンパク質解析，プロテオミクス，文献検索，検索エンジン…etc. 真に役立つサイトを使い倒す！ (改訂第 2 版)，羊土社.

맺음말

앞으로의 육종과 육종학

야생 동식물을 순화하고 인류에게 도움이 되도록 그 유전 형질을 더욱 가치 있는 것으로 바꾸어가는 것이 전통적인 육종의 기본 입장이었다. 수량이 더욱 많은 것이나 병해충에 강한 농작물이 선발되어 왔다. 또한 인간의 취향에 맞게 맛이 좋은 과일과 이전에는 없었던 색상과 모양을 가진 화훼가 육종되어 왔다. 육종과 그 기반이 되는 육종학은 인류를 굶주림에서 구원하는 동시에 인류의 삶을 풍요롭게 하는 데 크게 기여했다고 할 수 있다.

그러나 인류의 활동이 지구 환경도 크게 좌우하는 현재, 육종 및 육종학은 그 범위를 더 넓힐 필요가 대두되고 있다. 즉, 종래의 농작물과 가축을 대상으로 한 것으로부터, 예를 들어 반건조지대에서도 충분히 성장하여 사막의 확대를 방지하는 식물, 시가지에서의 배기 가스를 흡수하여 대기를 정화하는 가로수, 부영양화된 호수의 영양분을 흡수하고 호수를 정화하는 조류, 인간과 가축의 배설물을 정화하면서, 예를 들어 인산 등을 회수할 수 있는 박테리아 등 식량 생산과 인간의 삶을 풍요롭게 할 뿐만 아니라 지구 환경 전체를 통하여 생물의 육종이 필요해 왔다. 이러한 육종은 이미 시작되고 있으며, 앞으로도 더욱 중요해질 것으로 보인다.

이러한 범위의 확대와 함께 기술적인 진전도 현저하다. 예를 들면, 차세대 DNA 시퀀서에 의한 개체 수준의 게놈 서열 분석, SNP(단일 염기 다형성) 마커에 의한 유전적 다형성의 게놈 전역의 종합 분석, 염색체 분염법에 의한 원연 교잡 후대의 염색체의 동향 추적, TALENs법에 의한 게놈의 특정 위치에 유전자의 도입 및 불활성화, CRES-T법에 의한 전사인자의 불활성화에 의한 관련 유전자 전체의 발현 제어, 대사체학에 의한 약용 식물의 성분이 산지마다 가지는 경향의 특정, 백신과 항체를 식물 생산을 위한 시스템 생물학의 도입 등이 있다. 이에 따라 기존에는 주로 식용이나 사료에 사용된 농산물을 공산품의 원료로 하여 식물을 플라스틱이나 약품을 생산하는 공장으로 사용하는 등 새로운 기술의 개발에 따라 기존에 없던 방향성과 목표에 의해 육종이 시작되고 있다.

육종과 육종학은 태양 에너지를 활용하는 농업에 신품종의 육성이라는 측면에서 기여하는 것은 당연하고, 향후 농작물과 가축뿐만 아니라 지구상에 생존하는 모든 생물에 대해서, 범위를 넓혀가는 것이 필수가 되었다. 지구상의 살아 있는 생물의 생존에 필수적인 지구 환경을 보전하면서, 인류의 다양하고 지속 가능한 생존과 복지에 공헌하는 방법이 앞으로의 육종과 육종학의 큰 과제이다.

찾아보기

기호

숫자

영문

[A]

[B]

[C]

[ㄴ]

[ㄷ]

[ㄹ]

[ㅁ]

[ㅂ]

[ㅅ]

[ㅊ]

[ㅋ]

[ㅌ]

[ㅍ]

[ㅎ]